穿过内心
那片深海
Becoming the One

[加拿大] 谢莉娜·艾雅娜 著
Sheleana Aiyana

闻达 译

中国科学技术出版社
·北京·

BECOMING THE ONE
Copyright © 2022 by Sheleana Aiyana
Simplified Chinese edition Copyright © 2024 by **Grand China Publishing House**
Published by arrangement with Writers House LLC, through The Grayhawk Agency Ltd.
All rights reserved.
No part of this book may be reproduced or transmitted in any form or by any means, electronic or mechanical, including photocopying,recording or by any information storage and retrieval system, without permission in writing from the Publisher.

本书中文简体字版通过 Grand China Publishing House（中资出版社）授权中国科学技术出版社在中国大陆地区出版并独家发行。未经出版者书面许可，不得以任何方式抄袭、节录或翻印本书的任何部分。

北京市版权局著作权合同登记　图字：01-2024-0875

图书在版编目（CIP）数据

穿过内心那片深海 /（加）谢莉娜·艾雅娜 (Sheleana Aiyana) 著；闻达译. -- 北京：中国科学技术出版社, 2024.5
书名原文：Becoming the One
ISBN 978-7-5236-0567-7

Ⅰ.①穿… Ⅱ.①谢… ②闻… Ⅲ.①心理学－通俗读物 Ⅳ.① B84-49

中国国家版本馆 CIP 数据核字 (2024) 第 056161 号

执行策划	黄河　桂林
责任编辑	申永刚
策划编辑	申永刚　贾佳
特约编辑	钟可　郎平
封面设计	东合社·安宁
版式设计	吴颖
责任印制	李晓霖

出　　版	中国科学技术出版社
发　　行	中国科学技术出版社有限公司发行部
地　　址	北京市海淀区中关村南大街 16 号
邮　　编	100081
发行电话	010-62173865
传　　真	010-62173081
网　　址	http://www.cspbooks.com.cn

开　　本	787mm×1092mm　1/32
字　　数	181 千字
印　　张	9
版　　次	2024 年 5 月第 1 版
印　　次	2024 年 5 月第 1 次印刷
印　　刷	深圳市精彩印联合印务有限公司
书　　号	ISBN 978-7-5236-0567-7/B·169
定　　价	69.80 元

（凡购买本社图书，如有缺页、倒页、脱页者，本社发行部负责调换）

《穿过内心那片深海》是一段内心建设旅程，帮助你疗愈、发展自己内心更深层次的关系，让你发现自己的价值观、人际关系目标以及梦想。

穿过内心 *那片深海*
Becoming the One

亲爱的妈妈

为了脱胎换骨的疗愈，你我的灵魂选择走到一起。感谢你赐予我生命，我所有的经历都是为了最终能服务他人。感谢你教会我慷慨待人、笑对生活，并为我的疗愈之路欢欣鼓舞。我爱你。

本书赞誉

沙法丽·萨巴瑞（Shefali Tsabary）
畅销书《家庭的觉醒》和《女性的觉醒》作者

　　谢莉娜是罕见的作家，她的诗意智慧深入灵魂。她的话会引导你找回自己，让你感觉比以往任何时候都更真实。享受这美好的回归之旅吧。

哈丽特·勒纳（Harriet Lerner）
畅销书《愤怒之舞》和《你为什么不道歉？》作者

　　《穿过内心那片深海》是一份非凡的礼物，它照亮了全心全意的自我接纳的道路，让我们能充分理解人际关系的流动。作者分享的关于自己生活的个人故事令人难忘。谢莉娜·艾雅娜是一位睿智的女人，一位富有同情心的清醒向导，一位有远见的人，她是真正意义上的老师。我会跟着她翻越任何困难。

隋双戈　医学博士、中国心理学会注册督导师
欧洲认证 EMDR 创伤治疗督导师

原生家庭的问题，只会造就问题人生？内在小孩如何才不会迷失在内心的深海？如何成为想成为的人、吸引到同样美好的人？

谢莉娜以亲身经历给出了答案。她从未见过爸爸，妈妈经历过家庭暴力、遗弃且患有复杂性创伤后应激障碍。谢莉娜在缺少情感关照的家中长到三岁，就被妈妈遗弃了。《穿过内心那片深海》记录了谢莉娜成长中的波折与觉醒，以及如何陪伴内在小孩、自我疗愈，还提供了疗愈工具。本书可帮助读者以成人智慧了解自己的心身、关系议题及来源，和内在小孩交流，设定安全边界，与过去和解，完成自我整合。最终，穿过心中的那一片深海。

任　丽　壹心理杰出心理咨询师
《我们内在的防御：日常心理伤害的应对方法》作者

所有的心理问题都是关系出了问题，而心理疗愈也是要回到关系中来。有的关系可以滋养我们，让我们获得疗愈，而有些关系却是有毒的关系，给我们带来创伤与痛苦。谢莉娜·艾雅娜在《穿过内心那片深海》中推出的人际关系计划，可以帮助我们发展有意识的关系，从而避免强迫性重复，用一生去疗愈受伤的童年。

修复与他人的关系的核心是修通与自己的关系。作者早年曾经被母亲抛弃、背叛，在她的内在就形成了一种消极的信念：我不够好，我不值得被人爱。这成了她早期的情感与关系模式，她在关系中充当照顾者与拯救者，用讨好与付出来索取爱，在潜意识中总是与他人重演那种施虐与受虐的关系。

认清自己的情感模式，对自己保持好奇心与同情心，是获得精神解放的重要途径。作者用细腻的笔触，透过对自我的深刻而勇敢的剖析，一步步地带领我们走上身体、思想与灵魂的整合与疗愈之路。作者在26岁离婚后开始觉醒，走上了自我成长之路，她的睿智与勇敢让我们看见：我们每个人都有机会成为自己爱的源泉，最终过上自己想要的生活。

费萼丽　凤凰卫视原资深记者和编导
上市公司高管、《女性的力量》作者

原生家庭、两性关系中种种艰难的心灵跋涉，在一个富饶国度成长的谢莉娜都未能幸免。然而经历苦痛并不少见，罕见的是她选择放下逃避和舍弃，及时止损，从头再来，以冥想写作和身体锻炼等简便易行的疗愈方式，将自己的脆弱和挫折依次展开，找到自我培养自我直至爱上自我，最终身体力行地寻找到了治愈终身的关系模式，重获生活的自我掌控力，更见证了那朵从艰难中开出的绝美自由之花！

刘亿蔓　系统式家庭治疗师
资深婚姻两性关系专家

爱是什么都计较，又什么都原谅。当一个人自身的爱足够时，就容易感受到别人的爱，也越容易给出爱。能慢慢找到自己在这个世界的位置，确实是一件很幸福的事。快乐的人，总是可以得到更大的快乐；痛苦的人，总是会遇见更大的痛苦。读懂自己，已经是最好的身心疗愈。《穿过内心那片深海》协助别人读懂自己，已经是对别人最好的疗愈。

张芝华　身心美学体系创始人、资深身心灵导师

每个穿越过灵魂暗夜的人，都会迎来属于自己人生的曙光。

我非常认同作者说"疗愈是'一个人'的修行"。有些人需要一个人学会独自完整，放掉索取，享受孤独后的人间清醒；有些人需要学会放下戒备，卸下心墙，享受走入人群后的烟火人间。我从事疗愈事业二十多年，认为书中提到的"疗愈工程"的步骤脉络清晰而完整，这本书也是疗愈师自我修炼与协助他人觉醒成长的重要指南针。

我们会把童年的伤痛，尤其是亲密关系情感模式带到成年的关系中，经常在无意识中循环又挣脱不开。每个大人身体里都住着一个内在小孩，唯有允许内在父母看见他、聆听他、接纳他、理解他、抚育他、陪伴他，情感模式才得以重建，穿过梦中的那片深海，成为自己的唯一。

自 序
Becoming the One

学会与自我健康相处
才能去选择你想要的爱

经常有人问我:"对于那种想找到'命中注定的另一半'的人,你有什么建议?"听到我不赞同"命中注定的另一半"这种传统说法,很多人感到失望。其实我坚信能够找到一个灵魂上契合的伴侣,但找寻"命中注定的另一半"这个想法包含着一个重要的自我限制信息:如果找不到那个人,我们在某种程度上就是不完整的。

人是互相关联的社会性生物,我们的一生被设计成需要处在各种关系中。在内心深处,我们都想体验真爱,但恋爱关系并不能定义我们是什么样的人,也不能使我们的人生变得完整。这就是为什么我总是希望追寻真爱的人首先要去寻求内在自我的原因。请记住,你不需要通过获得别人的肯定来证明自己是完整的。

如果要走出过往的伤痛或者寻求外部满足，我们可能会试着去约会和恋爱，用自认为会给对方留下深刻印象或让他们感兴趣的方式出现，但我们不可能通过假装成别人来赢得他人的爱，也不应该这样。相反，当我们以一个有价值并且完整的维度展现自我时，我们就成了自己生命中的"唯一"。

多年来，无数勇气过人、非同凡响的女性参加了我创办的"成为你自己的唯一"人际关系研讨项目。许多女性，无论是正处于单身、处于亲密关系中，抑或是正在分离，她们都会问："我做错了什么？为什么我的恋爱总是会无疾而终？"

情况是这样的：如果你正单身，或者觉得自己很难在爱情中"不出错"，那么你没有错；如果没有被"选中"，那么你也没有错。

许多人在童话般的浪漫氛围中长大，这种氛围存在于书籍、电影和电视广告中——我们目之所及，浪漫无处不在。这种氛围会让我们觉得总有一个神奇的、令我们神魂颠倒的人要来拯救我们，而我们则需要成为一个超脱现实的"完美"的人才能被选中。一直以来，人们会告诉我们各种传情达意的方法和约会策略，告诉我们应该如何表演以及成为什么样子才能让自己更具吸引力。

这在无形中告知我们：要得到爱，必须放弃自己，降低自己的需求，为他人的期望让步。我们不断受到信息轰炸：你不够好，甚至是远远不够好。归根结底，这一切都是一种以寻找和保持爱的名义来实现自我抛弃的文化。

健康的爱情并不需要你抛弃责任或放弃自己，不需要你改变自己的核心人格或隐藏个性缺点。它要求你在深层次上了解自己，因为有意识的关系并不始于你如何遇到伴侣，而始于你决定优先考虑自己。

本书探讨自我选择，帮助你提升回归自我的能力，并认识到爱有很多种表现形式。只有学会与自我健康相处，才能为我们希望拥有的每一种爱——深厚的友情、牢固的亲情、工作的热情和浪漫的爱情添砖加瓦。

在生活中，除了自己，我们能够控制的少之又少。我们无法控制对方出现的时间、地点，也无法控制与他们在一起的时间长短。我们要做的是保持自我，无论生活带来什么，是否能得到爱，我们都要保持内心的快乐和强大。

《穿过内心那片深海》是一份邀请，帮助你找回自己可能已经失去或脱节的部分。这是一段内心建设旅程，帮助你疗愈、发展自己内心更深层次的关系，发现于你而言重要的东西——你的价值观、人际关系目标以及梦想。这样一来，你就可以基于自我认知和强烈自信来选择爱。

穿过内心那片深海

Becoming the One

本书导读

敬畏地对待内心建设
将疗愈作为终生练习

在本书中,你将有机会探索制约自己的因素,审视对爱的信念,并澄清欲望。你将学习培养自尊和内在小孩,明确情感边界和核心价值观,你还将培养重新连接身体和直觉的办法。为了让你避免被外部因素掌控或在这个过程中迷失自己,我会提供简单有力的身体练习和冥想练习,用来自我安慰并提升你驾驭情绪的能力。

我讲述了许多自己的故事。我的人生旅程充满了心痛和失落,但通过这些经历,我找到了解放自我的途径,书中也有一些我自己的疗愈过程和工具。此外,我还介绍了一些客户的故事,这些故事展示了我们的过去是如何影响我们的,以及找到疗愈方法时会发生的事情。为保护客户的隐私,故事中的姓名和一些敏感的细节做了更改。

虽然我倾向于与女性合作，但我的工作并不限定性别，它适用致力于与另一个人建立关系的任何人，你所学的都是超越了特定的伴侣或关系状态的。

本书的三个目的：

- 帮助你寻找自身的完整，强化自己的安全感，建立自爱体系。
- 与过去和解，治愈你的创伤。
- 提供一套完整的、精神层面的情感再教育，引导你学会创立更强大的爱的根基。

与我无关的内容：

- 情感黑客[①]（relationship hacks）。
- 修补自己（因为你并没有心碎）。
- 如何建立自信并以此吸引伴侣。
- 通过积极的思考和意图来召唤你的灵魂伴侣。
- 使用技巧促使他人与你交往。
- 试图改变你的伴侣（过去或现在）。

---

① 用于描述一些技巧、策略或建议，旨在改善和加强人际关系，特别是恋爱关系或婚姻关系。"relationship hacks"可以是简单的行为习惯、沟通技巧、情感管理方法或其他实用的建议，旨在帮助人们更好地理解彼此、增进亲密度、解决冲突以及建立健康稳定的关系。——编者注

与我有关的内容：

◈ 学会关注自己。

◈ 通过内心建设来整合你的过去。

◈ 认识并修复你的情感模式。

◈ 学习如何在一段感情中真实地表现自我。

◈ 帮助自己明确自身欲望、核心价值观和底线。

◈ 打好基础，让你为合乎心意的情感关系做好准备。

◈ 记住在这个浩瀚宇宙中，你与万物都是互相影响的。

◈ 反思自己的过往经历并给予它同情和接纳。

本书使用指南

1. 温柔对待内心，不要苛责自己。当你开始按照进程进行情感疗愈时，你可能需要打开尘封许久的痛苦记忆，那些记忆会让你感到羞耻、内疚、悲伤等。疗愈进行了一段时间后，你可能会有被困在那里、想要放弃的念头。这时请暂时把手中的书放回书架，重新回到之前的生活中去。请记住，疗愈从来都不是一个如沐晨风的过程。痛苦，意味着你在乎！不要苛责自己，休息一下，然后继续前行。

2. 考虑暂时戒酒。在审视过去的生活并直面自己的关系模式时，理应对幸福有高度的辨别力。去除任何可能让你精力不足或让你状态不好的东西，考虑暂时戒断酒精或其他成瘾性物质，改喝清水、花草茶，吃清淡食品等，花更多时间接触海洋、森林、山川，做做园艺，这些都可以成为你的精神慰藉。

3. 优先考虑自己。疗愈过程中，你需要学会享受独处，要把自己的感受放在首位。如果你总是过度给予，总是充当朋友、家人、伴侣的看护者角色，那我要提醒你，你应该学会先关爱自己。优先满足自己的需求和幸福感，才能让你的身体和情感都处于安全和舒适的状态。

4. **撰写读书笔记**。本书中包含的练习和写作指引会帮助你找到了解自己真实情况的途径。建议你一边阅读，一边记笔记，这样你就可以按照书中的提示，浏览或回顾所需内容。

5. **组建读书小组**。你可以召集一个或多个朋友一起开启这段疗愈之旅，讨论所学的内容。这能帮助你们共同进步。

6. **调整心态学习**。不要急于弄清楚一切，也不要指望看完这本书就能被完全治愈。请以敬畏的态度对待内心建设，并将疗愈作为终生的练习。学无止境，不要给自己太大的压力，轻松地展开这段平缓、温和的心灵滋养之旅。

7. **给欢乐留出更多的空间**。别让疗愈成为执念，我们会很认真地剖析曾经的创伤，试图消解隐藏在几代人心里的阻碍，但也请谨记，我们更需要关注：体验更多的快乐、建立更多的联系！请为游戏和欢笑腾出空间，并肯定自己在过程中完成的每一步吧。

8. **探索自身灵性**。这是让你再度体会"形神合一"的机会。我们可以在梦境、冥想以及沉浸在大自然中时感受到这种状态。但请注意，我此刻并非在谈论宗教，你可以自由地去探索自己与精神之间的关系。

穿过内心那片深海
Becoming the One

目 录

Becoming the One

第一部分　恢复与自己思想和身体的联系

第 1 章　开启我们的疗愈之旅　2

经典困境：不幸的人用一生去重复受伤的童年　7
与自己的关系是你要培养的最重要的关系　9
疗愈工程：疗愈不是忘记或抹去过去，而是整合过去　10

第 2 章　观察内心，重新完整地认识自我　15

内耗、自毁……停止自我抑制，学会自我接纳　17
练习"直面真实和敏感"，走出心理阴影　20
过去的创伤和恐惧会体现在我们所有的关系中　21
纠结过去不如原谅自己，继续向前　24

第 3 章　回归对自己身体、直觉和价值的信任　　27

学习与不适相处，让身体按照它想要的方式运行　　28
为什么我们不愿意展示"真实的自我"　　32
情绪是一种能量，请允许它产生　　35
拥抱愤怒与悲伤，而不是去克制它们　　37
情感整合的 4 个要素：土、火、气、水　　40
学会驾驭情感触发因素　　45
放慢脚步，尊重生命周期和四季变化　　48

第 4 章　找到内心那个天真而脆弱的自己　　53

内在小孩：深藏于心的情绪化"自我"　　53
年幼时的心理伤害，是内在小孩受伤的根源　　57
有意识倾听自己内在小孩的恐惧和渴望　　59
放慢脚步，感受自己的身体，并与内在小孩交流　　64

第二部分　疗愈过去的创伤

第 5 章　"被遗弃的创伤"的真相与疗愈　　72

遗弃：对心理和身体的双重伤害　　72
越是亲密的人越容易触发我们的被遗弃的创伤　　75

"被遗弃的创伤"的 3 种表现形式　　　　　　　　　　78
疗愈发生在你与自我连接的过程中　　　　　　　　　83

第 6 章　了解父母对我们的影响，转变与父母的关系　88

与父母的关系，深刻影响成人后的人际关系　　　　89
与父母互相关爱的同时，也要为他们设定边界　　　95
接受父母的本来面目，也为自己的安全设定边界　　98
认识到你与父母的相似之处，是加深自我接纳和自爱的机会　101
从大自然中获取能量　　　　　　　　　　　　　　103

第 7 章　理解和接受过去，宽恕自己　110

耿耿于怀过去的背叛或愤怒，会妨碍我们看清楚问题　112
接纳不是原谅错误，而是承认过去无法改变　　　　115
"宽恕"的 8 个阶段　　　　　　　　　　　　　　116

第三部分　探索你的情感关系模式

第 8 章　我们的经历会影响我们对事物的认知　124

投射：我们将过往的情感强加于现在的人　　　　　124
情绪过强时，通过换位思考来更平和地回应问题　　131

第 9 章　改变关系模式需要有自我意识　　136

关系模式的 3 种类型：海、山、风　　137
承认错误的观念能唤醒我们的自我意识　　143
无意识的契约：父母掌控局面和维系家庭的惯有方式　　144
揭示自己的关系模式，设定健康边界，更深入地了解自己　　147

第 10 章　思考自己的感受，获得更多的自我意识　　154

为什么我们会忽略自己内心发出的信号　　154
关注自己的内心，直面自己无意识延续的处事模式　　158
"事情不会改变，除非我们改变"　　159
不做消耗模式的完美主义者　　160
请用对天真可爱的孩子说话时的温和语气对自己说话吧　　163

第 11 章　判断一段人际关系的优劣状态　　169

人际关系中的 3 种信号：危险信号、警告信号和安全信号　　170
如何处理发出危险信号的人际关系　　176
如何区分恐惧和错觉　　178
通过沟通、交流，识破脑子臆测的危险信号　　182

第四部分　认清自己的真实需求

第 12 章　信任自己的身体，设定健康边界　　188

边界的 5 种类型　　189
不同类型的人际关系的边界各有不同　　193
如何正确地表达边界　　198
维持边界需要我们克服内疚和坚守底线　　200
涉及性边界时，关注你的身体并相信你的感觉　　202
心灵壁垒是自我封闭，边界让我们与他人保持健康距离　　204

第 13 章　明确你的要求，阐明你的期待　　211

追求完美是一种自我保护的策略　　212
健康的关系也会有分歧与冲突　　216
当你成熟起来时，你的期待也会发生改变　　217
放下刻板的期待，试着从自己的核心价值观出发　　219

第 14 章　定义你的核心价值观　　222

知道了自己的价值，我们就是有能力做选择的人　　224
核心价值观会随着我们自身的转变而发生变化　　228
成为你想成为的人，就会吸引到同样美好的人　　232

第五部分　建立新的关系模式

第 15 章　在关系中成长，在爱中锚定自我　236

两种更强大的新关系模式：吸尘器关系和输电网关系　238

恋爱关系会经历的 5 个阶段　241

成为你想约会的那种人　246

伴侣是互相协助，共同成长的　249

第 16 章　回归真实自我，完成疗愈旅程　252

爱情地图：提醒你记得为生活和未来设定目标　253

炼成真正独一无二的自己，选择你想要的爱　259

鸣　谢　261

Becoming the One

第一部分

恢复与自己思想和身体的联系

PART 1

第 1 章

开启我们的疗愈之旅

我 3 岁那年，妈妈不过 25 岁。我从未见过自己的父亲，我和妈妈住在贫民区边缘一栋房子的半地下室里，那是一个死胡同的尽头。像大多数 20 世纪八九十年代的建筑一样，房子有两间卧室和一个卫生间，墙壁粉刷成了白色，厨房铺着奶油色和棕色相间的塑胶地板。

妈妈喜欢收集玻璃制成的天使雕像、印有独角兽的图片，还喜欢种植各种植物，从地板到天花板，她用这些东西装饰家里的每个角落，而我很自豪继承了她的园艺技能。她在童年时期经历了家庭暴力、性虐待、背叛、遗弃和忽视。因此，她一直与抑郁症和复杂性创伤后应激障碍[1]（Complex posttraumatic stress disorder, CPTSD）进行艰难的抗争，我也多次目睹妈妈试图伤害自己。

---

[1] 是一种在暴露于一个或一系列具有极端威胁或恐怖性质的事件后可能出现的障碍，最常见的是长时间或重复性事件，难以或不可能逃离这些事件(例如长时间的家庭暴力、反复的儿童性虐待或身体虐待等），特点是严重和持续。——编者注

她经常白天睡觉，晚上出去喝酒，留我一人在家胡思乱想。她回到家时，常常已经喝得酩酊大醉，蜷缩在浴室的地板上，我只好给她盖上一条毯子，让她就睡在那里。我通常会把牙膏、牙刷和擦脸巾放在烤盘里拿给她，在她宿醉难醒时尽我所能照顾她。有时候，她带着怒气回到家，就会大喊大叫，用手捶墙，把我们的照片摔得满地都是。每当这时，我都会蜷缩在一地碎玻璃的过道里，在满目狼藉中抱着一个相框哭泣。

我和妈妈也曾有过许多美好的时光。也许是因为她就像个还没长大的孩子，所以她特别知道怎么玩得开心。我们比赛吹泡泡糖、互相梳洗打扮、在后院野餐。尽管家里一团混乱，我们情感交流也不多，但母亲仍是我的一切，我深爱着她。由于我从未见过父亲，于是我们创造了一个只属于我们两人的肥皂泡般脆弱的世界。晚上，我经常爬到她的床上，胳膊和腿紧紧地缠着她。

我永远忘不了那个特殊的夜晚，那个夜晚改变了我的整个人生，也改变了我对"安全"和"爱"的理解。那天晚上，妈妈把我捆了起来，放在她的车前座上。车开了很长一段时间，来到一座大大的白色房子前，妈妈把车停在车道上，车子甚至都没有熄火，她把我带到大房子的门口，开门的是一对完全陌生的男女，妈妈把我塞进他们的怀里，头也不回地转过身，走回车上。

我踢打着、扭动着、挣脱着，不停尖声喊着"妈妈"！那辆满是划痕的灰色雪佛兰就在我眼前掉过车头，驶入黑夜，直到车灯的光晕

3

彻底地消失在夜色中。害怕、孤独、心碎，就在那一刻深深地刻在了我的心底。我知道自己被遗弃了，那一刻也彻底改变了我的世界。

就这样，我成年后的人际关系处于一种丧失危险意识的状态，而这种不健康的、严重混乱的状态，正是我童年生活的影射。对于爱，越是得不到，我越渴求。于是我常常被一些不值得爱的人所吸引。

26岁，我和一个与我一样饱受内心伤害的人相恋一年，结了婚。我们来自不同的国家，我是加拿大人，他是美国人。我们不停地在两国间来回穿梭，美加边境一度要把我们列入旅行黑名单。我们犹豫不决，最终做出了结婚的决定。

回想起来，这一点都不浪漫，因为我们并没有真正相爱，我们只是两个在彼此关系中挣扎的年轻人；因为没有安全感，所以不敢放手得到的东西。现在很容易看出，童年时我们都受过很深的伤害，都深受母亲的影响，这才是让我们彼此相连的关键点。

我们的婚姻关系很不正常。我们经常吵架，夫妻生活毫无质量可言，我们成了彼此的桎梏。他是那种经常会感到沮丧的低能型人格，充满自我怀疑；而我是那种"已经弄清楚了一切"的超能救世主型人格，觉得自己可以处理一切。

随着时间的推移，我越来越无法摆脱那种被困在错误生活中的感觉，结束这段关系的想法牢牢占据了我的大脑。同时，傲慢和自我的个性让我陷在这种想法里无法自拔。他经常表现出焦虑，而我确信只有依靠我的介入他才能解除焦虑。我发现他偷窃、撒谎，却一直拒绝正视这些问题，只是让这些猜疑在我的内心恣意蔓延。

我们一起打点我们自己的生意，但他大部分时间都会睡到傍晚才起床，或者坐在地下室的电脑前。他想增加投资却没有钱，于是怨天尤人；我很想努力赚钱支持他，实现他的心愿，因此压力山大。我独自承担了挣钱的责任，并且给了他远超他应得的份额。我们习以为常的这种相处方式，最终使我们走到了感情的尽头。

经过了几年的努力，我们最终意识到：我们之间已经没有了激情。于是，我们决定分开一段时间，看看时间和空间是否有可能让一切走上正轨，让我们重新找到双方都渴望的爱和激情。于是，我给他买了一张去美国看望朋友的机票。在离开我的那段时间里，他遇到了一个心仪的人，他们约会了一段时间。令人惊讶的是，当我知道他感情出轨后，我感觉到的不是嫉妒，而是如释重负！我觉得没有了压力的自己，好像又活过来了。摆脱掉"照顾他"这项责任的束缚后，我终于可以为自己活了。

一天晚上，月光透过百叶窗照进房内，我躺在床上，盯着天花板，心里思量着：如果他能爱上别人，那我就不必因为要离开他而让他受到伤害，也不必为此而感到内疚了。那样的话，别人可以照顾他，我就可以自由了。一想到要重获自由，我不由得感到欣喜和兴奋！我真的不想再过那种令人窒息的生活了。

几个月后，我的愿望成真了：他很快与一个我们都认识的女人擦出了爱的火花。他离开了家，跟那个女人同居了。他偶尔会回来拿一

5

些东西，然后会再次离开。虽然这正是我想要的结果，但我内心的小女孩开始感到被遗弃，开始嫉妒，开始恐惧。突然间，我变得无法接受这个结果，所有那些希望他离开并感到窒息的夜晚，都从记忆中消失了。我被恐慌和渴望赢回他的紧迫感所征服。我抛弃了自己，迷失了自我，开始拼命地想要再次得到他，于是，我们之间的冲突升级到无法挽回的地步。

经历了几个月的混乱和爆炸性的争吵后，在一个温暖的夏日，他最后一次回家来收拾东西，他的女朋友开着红色SUV在外面等着。我在他身边喊叫着，而他则像疯了一样把东西扔进一个袋子里，然后夺门而出。我光着脚跟到外面，尖叫着让他永远不要回来。他跳进了副驾驶座，车子轰鸣着加速开走了，而我独自站在绿树成荫的马路中间，被狂乱和恐惧笼罩着，他就这样抛弃了我们共同的生活。

突然间，我被母亲推入陌生人怀里的记忆再次袭来，我仿佛看到了自己声嘶力竭地尖叫着、哭着请求她留下，而她就那样头也不回地回到车里，开车走了。我又陷入了3岁时的记忆，整个人就那样再度陷入了被遗弃、孤独、惶恐和不安中。

然后，好像醍醐灌顶一般，我听到了一个来自内心深处的声音低声说：这不是他想要的生活，这是你想要的生活。我瞬间感到如释重负。是啊！没有他，我一样会好起来。我所感受到的痛苦并不是源于他的所作所为，而是源于过去痛苦的经历。那些伤痛隐藏得很深，但却一直在默默地暗示"你不够好，你被永远抛弃了，谁会想要你呢"。

但就在这一刻,我知道自己长大了,我终于有能力摆脱那种痛苦了。

我们从分居到最终离婚,经历了漫长而痛苦的一段时间。我几乎失去了一切。我们在加利福尼亚生活时收养了一只小猫——玛雅,它曾是我的精神寄托,它在那时被郊狼吃掉了。前夫不仅背叛了我的感情,拿走了我所有的钱,还给我留下了一堆债务。在与他苦苦纠缠了一段时间后,我意识到,我既要不回自己的钱,也等不到他回心转意。是时候斩断情丝,开始自己的新生活了。于是,我通过法院在没有他出席的情况下,与他办理了离婚手续。

经典困境:不幸的人用一生去重复受伤的童年

背叛、遗弃和虐待的经历让我常年借助药物和酒精来逃避痛苦。我意识到众生皆苦,我的往事只是沧海一粟,很多人至今没有得到我现在所拥有的疗愈和修复的机会。往事是我无法改变的,但也正是这些往事使我走上了这条疗愈之路。

26岁的那次离婚,让我精心构筑的内心壁垒和防线完全被摧毁,但这个经历也同时起到了催化作用,我自己的疗愈之旅从此真正开始。

在那个时候,我遇到了一位精神导师,我跟着他一起学习,努力建立有意识的关系,后来我成为他的学徒。我时常祷告、写诗、全身心投入疗愈自己。我持续专注改善与自己的关系,并拒绝了许多看似有吸引力的追求者的约会,专注自己的内心建设。

从那时起，我花了数千小时进行有意识关系、夫妻促进、家庭系统工作、代际创伤和躯体治疗方面的自学和培训。正是基于自己跌入谷底并获得疗愈的经验，我创立了在线社区"崛起的女性"（Rising Woman），在这里，我和团队每个月为数百万人提供有意识的关系和自我修复教育。

运营"崛起的女性"数年并指导人们完成我推出的人际关系计划后，我开始意识到许多人陷入了一个经典的困境：我们从逻辑上知道某人并不适合我们，但仍发现自己一次又一次地追求他们或和他们同类型的伴侣。

我也一样。我童年时期的经历和第一段婚姻关系之间有相似之处，如果你注意观察，就会发现亲密关系的发展是有其特定模式的。

我帮助一些人梳理他们的情感关系模式时，他们刚开始一般会说："我没发现我的这几段感情有什么相似之处啊？每次问题都不一样啊？"

虽然每段关系的内容可能不同，但重要的是，你是带着怎样的核心情感模式进入这段关系的。你的核心情感模式就是那挥之不去、如影随形的悲惨往事所留下的消极人生观。例如，我第一次婚姻的失败映射出的就是我童年时期的情景。我的核心情感模式是害怕遗弃和背叛，为此，我不由自主地成了看护人，不由自主地承担起所有的家庭责任。

大多数人都没有意识到，我们会把童年的伤痛带到成年的关系中，或者在处理关系时会下意识地试图修复旧时的情感创伤。为了得到爱，我们扭曲自己，把自己变成我们认为自己应该成为的样子。

与自己的关系是你要培养的最重要的关系

与其试图成为完美伴侣，我鼓励你应该先向内看。真正的变化是在我们整合并接受自己隐藏、否认或拒绝的部分时才会开始。通过重视那些模式，并理解它们根植在自己的往事中，我们就可以有意识地改变它们。努力爱上自己吧，请相信：你的生活是你所独有的，具有远超社会地位的独特意义。与自己的关系是你要培养的最重要的关系。

人们所公认的幸福观看起来是有固定模式的：找到伴侣，结婚，生子，从此过上幸福的生活。为此，我们可能会尽一切努力去建立充满爱的伴侣关系，但这种伴侣关系仍然有可能结束。不要被这个事实吓到，我并不是愤世嫉俗。

我们根本无法预测什么时候关系会完结，我们唯一能保证的是，从生到死、每时每刻和自己有关系的人就是我们自己。与其执着于身边的人或事，我们更应该花时间发展内在关系，因为你终将明白：我们寻求的爱不仅仅来自我们之外。

通过关注自己的命运，你会找到创造理想生活、建立美好关系所必需的精神基础，并且体验到把这种精神基础与你的生活相连接所带来的美好体验。为了彻底改变让我们陷入不快和心碎的循环模式，

首先需要强化我们自己与自己的关系。让我们一起从这里开始心灵的疗愈工程吧!

在本书中,你将学会如何认清自己的情感关系模式,并慢慢改变它们。当你重温这些记忆时,练习调整身体,对出现的任何情况保持好奇心和同情心。这个过程既不容易也不舒服,却是引导你认清真实情况并获得精神解放的途径。我很高兴能与你一起踏上这段旅程,去探寻自己情感关系模式的核心,解放它们,最终过上你想要的生活。

我要明确:这本书的使命不是帮助你找到爱,而是要让你明白,你自己才是爱的泉源。

疗愈工程:疗愈不是忘记或抹去过去,而是整合过去

疗愈就像是从梦中惊醒过来一样。这种转变通常是通过分手、离婚或某种危机引发的。我很少遇到在正常生活中受到启发去寻求疗愈的人。通常,当我们在某种情感模式中筋疲力尽试图找到出路时,就意味着我们需要进行心理疗愈了。疗愈并不是要忘记或抹去过去,而是需要整合过去。

创伤和痛苦的记忆不仅仅是头脑的产物,甚至是从之前的几代人那里继承下来的。它们保存在我们的身体中,深入骨髓。在开始疗愈之旅前,你必须清楚地意识到,这并不像要改变想法和决定做个与众不同的人那么简单。那些有害的情感模式会重复出现,我们是必须经

历的，我们在本书中将要开始的疗愈工程，是包括身体、思想和灵魂的整合工程。

疗愈工程包括：

- 悼念过去和失去的东西。
- 放下停滞不前的关系。
- 接受转变过程中的不确定性。
- 接受我们无法改变过去这一事实。
- 原谅他人和我们自己。
- 接受那些被我们压抑的强烈情绪。
- 清除我们疼痛和创伤的记忆。
- 承认自己非常敏感。
- 学习如何再次相信爱。
- 不再将自身的价值与所作所为挂钩。
- 观察自己的想法，不在思想上强迫自己去控制自己的行为。
- 记住我们已经是完整的。

生活的巨变往往会唤起更多的人生改变，这是一种多米诺骨牌效应。在这个过程中，当你要放弃以前的认知和观念时，对自己的过往产生怀疑是正常的。

她讨厌孤独,却深陷孤独

我曾认识一位"长期单身"的朋友。不管她怎样努力想跟伴侣建立一段长期关系,都无法度过三个月的"情感大关"。在认识她的那段日子里,我第二次订婚了,当时我也处在感情的挣扎中,因为我是那种一旦恋爱了,就不想分开的人。

每当我的情感出现问题,我都会本能地想要逃离,或者是幻想着逃离。我会幻想自己像隐士一样生活在山林间的小屋里,安全地远离世界,再也不会被打扰,平静地、完全彻底地独自一人生活。

而我的这位朋友则与我完全不同,她讨厌孤独,却又深陷孤独,并在孤独中苦苦挣扎了五年。她总说"孤独的人是可耻的,能找到伴侣是件多么令人羡慕的事"。如此看来,我真是幸福过了头,找到了一位令人难以置信的伴侣。但对当时的我而言,恋爱就是一种挑战,因为我是那种自我保护意识很强,会本能地对陌生人敬而远之的人。

从某种程度上说,我和我的朋友都生活在一个需要自己付出巨大努力的现实中——她必须学会如何独自完整(to be whole on her own);我必须学会如何放下戒备。

事实证明,当我开始认真关注自己内心对爱情的感受,并且停止逃避，不再屈服于逃避的冲动时，我得到的不是预想中的孤独，而是一个充满爱的婚姻和亲密的家庭。

我们常常会拒绝接受现实，我们喜爱攀比，渴望变化甚至想得到与我们完全不同的人或生活。生活需要有伴侣、恋爱太可怕了、我还没有准备好、事情跟我想象的不一样……希望你先把这样的想法放下。我想请你开始正视你此刻的这些感觉，然后抛开"我的生活已经偏离了轨道"这种想法，用"我生活中的一切都出现在正确的时间，正确的地点"这个观念取代它。

老实说，当我对不了解我生活经历的人说出上面这番话时，他们通常会觉得我"站着说话不腰疼"，特别是当他们处于痛苦或经历巨大损失时，这样说确实让人感到很尴尬。

悲剧常常发生，而且很有可能是毁灭性的。在悲剧发生的时刻，我们不会觉得它发生得"对"，也不觉得它有理由发生，大家也很难在思想上欣然接受这一切。但是，一旦我们陷入失落、痛苦或心碎的深渊，除了接受，我们几乎无计可施。

这时我们有这样一些选择：彻底放弃还是奋力一搏？关闭心门还是拥抱未来？沉沦于困难还是努力成长？当我们怀揣学习的意愿，以开放的心态度过痛苦时，可能会在经历中得到意想不到的收获。

如果你发现了与过去不同的自我，请给这种变化留出一些发展的空间。为了得到更多独处的时间，我们可能会疏远一些朋友，这样的变化总是会让你感到悲伤，因为新事物的出现，可能意味着将会失去

13

生活中的一些东西，这时你要集中精力努力辨别，确保你的选择是对自己负责，而不是为其他人妥协。

我们的人生都有待学习，有些人可能正在学习如何打开心扉；有些人可能正在学习如何更完全、更彻底地接纳自己。我们的疗愈可能是进入一段关系，也可能是短暂或者漫长的单身。无论怎样，这种学习都应该是美好的。

疗愈你的情感模式是一个多层次的进程。你的人生经历、你的过往以及你人生中的教训，都是你所独有的。允许自己慢慢来，不要逼迫自己，体会自己走过的每一步，关注自己的每一次呼吸。现在，你已经走上自我疗愈的道路。

第 2 章

观察内心，重新完整地认识自我

"老处女"（spinsters）这个词作为一种特定的称谓最早起源于 13 世纪，专指那些以纺织羊毛为生的未婚妇女。绝大多数人并不了解其历史出处。到了 18 世纪，"老处女"这个词成了女人们秘而不宣的自豪的理由：在那个大多数女人经济上依附于男人的年代，有能力保持不婚对女人而言是一种荣耀。

随着时间的推移，受男权思潮影响，老处女的词意被扭曲，有了更多负面含义。但实际上，过着独立自主生活的女性内心十分强大。无论是命运使然还是造化弄人，老处女掌握着自己的命运，她们保持单身，不为爱情以外的原因结婚。她们决定结婚，只会是因为找到了两情相悦、心满意足的伴侣。

今天，仍有许多女性错误地受到男权思想的影响，将自身价值与婚姻状态挂钩。男权思想影响下的婚姻幸福观，实际上是让我们无法得到我们渴望的、灵魂层面深度亲密的原因。

如果认为单身就意味着自身价值不高，那么我们很可能会为了面子，嫁给一个不值得的人，进而为了维持一段不能发挥我们自身潜能的关系而自我破坏，甚至自我否定。在我的课题中，我始终主张积极做内心建设的重要性。也就是说，内心建设是要互相效力的，要有奉献精神，不要只针对外部目标进行内心建设，比如不要为了纠正别人的错误、为了说服别人增加投资或为了吸引伴侣而煞费苦心。

有意识的关系既包括你与自己的关系，也包括你与他人及周围世界的关系（见图 2.1）。它不因你所处的环境改变而发生改变，它应该是一种生活方式。

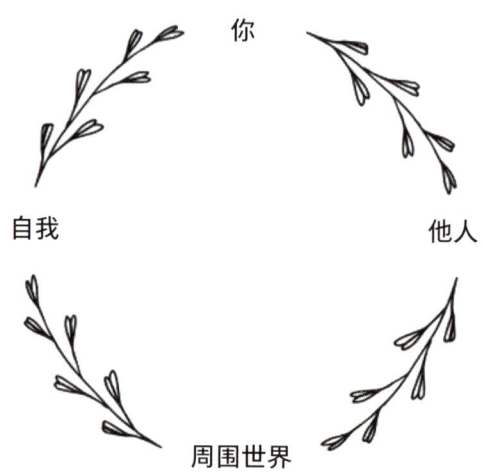

图 2.1　你、自我、他人及周围世界的关系

有意识的关系应该是一种生活方式，它不因你所处的环境改变而发生改变。

如果你想吸引你的伴侣，挽救自己与爱人之间的关系，那没问题。如果你困在过去的焦虑、怨恨、伤害中，或者对亲密关系心存恐惧，就不能期望结果会好。

情感疗愈没有捷径可循，通往真爱的唯一途径是回归自我，找回已被我们抛弃或埋葬的部分，最终完全彻底地接纳自我。我们必须全面关照自己的思想、情感和现实生活。

彻底明白我们自己是谁，以及我们到底想要什么，这样才能大声说出自己的愿望，并遵从自己的愿望。当遇到合适的人时才能与之开启一段美好、和谐的关系。

内耗、自毁……停止自我抑制，学会自我接纳

每个人都拥有能量。当一个人不愿与你过多接触时，你会明显地感觉到；当一个人热情而充满自信时，我们会情不自禁地被吸引。不管是自己还是别人，当我们对现实生活有抵触情绪时，一开始可能不明显，但我们内心深处都是能够感知到的。

负面情绪的表现因人而异，但故步自封、沉默寡言、感觉失控、过度思考、极度独立、依赖他人和情绪失调，这些自我破坏性行为都是与我们真实本性不一致的表现。要想成为更有生活掌控力的人，我们需要学会信任自己，并有意识地引导自己多与对自身有益的人和环境接触。

人们在爱情中常会遇到双方关系卡在某个点上停滞不前的状态，这是因为我们抑制了自己情感的某些部分，使之难以突破。当我们与自我建立起有意识的关系时，就有可能在每一次与人交往时变得更容易接近、更有活力，表达也更真实。

建立这种有意识的关系是一个缓慢而渐进的过程，你需要学会关照内心并将其与身体和情绪重新相连。你要接受：你的需求、感受、理想；你想隐藏的或拒绝示人的部分；你内心的光面和暗面。这些都是你的一部分，接受这些你才有能力从自我抑制转换为自我接纳，并且更加真实地表现自我，让别人看到你进而喜欢上你。

健康的内在关系始于：

建立自信： 由内而外了解自己。

善待自己： 置身于大自然中，注意呼吸，调整身体。

自我同情： 用爱心与同理心看待自己能力有限这一事实。

直面情绪： 体会到一种感觉时便转换到相应的情绪。

了解能力： 知道什么时候该休息。

原谅过错： 宽容对待所犯的错误并肯定努力的过程。

忠于价值： 基于自己的本性生活。

表达自己： 与你关心的人开放地谈论敏感话题。

寻求支持： 在需要帮助时依靠朋友或寻求指导。

定期练习与自己约会，用新的方式与自己重建联系

越了解自己，就越自信、越有安全感。如果你非常享受独处的时光，那么你的任务就是让独处的时间过得更有意义。如果独处对你来说是件很难的事，那么定期练习自我约会可以增强你的自尊心，帮助你以崭新的方式与自己建立联系。

无论是花费一整天、一个下午，还是三十分钟，都有助于养成自我关注的习惯。请你从以下选项中选择一个或多个自我约会项目，每周进行一次，或者你也可以提出自己喜欢的约会方法：

- 花点时间放空冥想、构想作品或练习呼吸
- 感性而俏皮地随着喜爱的音乐跳舞
- 泡个草药浴。之后，为自己做个精油按摩
- 安排一个艺术之夜，练习凭直觉画画或素描
- 报名参加小组课程并去社交
- 给自己做一顿美味的晚餐，或者独自出去吃饭
- 按照自己的意愿设计一次自我约会

练习"直面真实和敏感",走出心理阴影

观察自己的头脑是发展自我意识的桥梁。我们的头脑不断产生数以百万计的想法和故事。它为我们的每一次体验赋予意义,并对未来即将发生的事情创建出一个自动的应对模板,这就是我们的头脑建立安全感的方式,虽然这只是一种虚假的安全感。因为只要让过去影响现在,我们就是在按照一个预定的剧本运行,生活就不是自然地展开。

这就是你不相信自己的想法的原因。与其立即按照想法采取行动,不如放慢脚步,深吸一口气,问问自己这个想法是不是对的,是不是基于过去的经历,是不是根本就毫无意义!然后,你再决定是要做出回应还是置之不理。这种自我观察是内心建设和自我觉醒的重要方法,你不要带着评判、责备或批评的心态去观察自己的想法,而是要带着好奇心和同情心去观察。

在你跟着我的引领学习观察自己的想法时,你会注意到一些想法正在进行"自我保护"。这正是"自我"存在的表现,它充当了一种维持你形象和身份,并保护你免受痛苦的防御机制。但是,一些自我保护或防御性的想法正是妨碍你得到爱的原因,同时,它阻止你充分表达自己。有时你的想法会告诉你接纳爱不安全、做自己不安全;或者告诉你,要隐瞒真相才能赢得钟爱和认可。为了改变这一切,你要练习面对真实和敏感。在这个过程中,我们需要面对一些风险,真实地表达自己,让人们看到真正的你,这很重要。

学会见证意识，放弃控制，向未知事物投降。在自己思维模式和思维习惯出现时，充满爱心地观察它们，并与我们习惯且反复出现的负面反应保持距离。

有自我意识的人和没有自我意识的人唯一的区别就是挑战头脑的能力，以及区分自己的认知和真相的能力。下一次出现批评、谴责等消极想法时，深吸一口气，问问自己：

- 我的哪一部分是通过这种谴责自我保护的？
- 我的哪一部分要用这种想法控制事物？
- 这种想法是来自爱还是来自恐惧？

如果相信每一份恐惧、每一次批评、每一种谴责，头脑创造出来的问题就会被放大，直到它们开始取代我们体验世界的正确方式。在某些情况下，这会使我们变得软弱无力，并可能影响我们的生活和工作。创伤和恐惧会告诉你各种各样关于你的价值以及你是否值得被爱的谎言。通过练习，走出心理阴影，记住：疗愈工程是让我们学习抛开往事产生的影响，学会观察往事。

过去的创伤和恐惧会体现在我们所有的关系中

过去的伤口和习惯性恐惧反应会在我们的各种关系中表现出来，

如果我们的认知是混乱的，那么我们的关系也将是混乱的；如果我们的生活只有欺骗、背叛或反复无常，那么我们的关系也会反映同样的情况。每个人在恋爱中都有自己的处事模式，情感疗愈完工之前，在每次互动中我们仍会按照既定模式处理恋爱中的问题。我们越是接近本我、越是放低姿态，就越能接近建立真实反映我们内心的那种关系。

对自身价值的认识和自我意识会影响我们在所有关系中的表现。大多数关系中的挣扎都源于不安全感，害怕说出自己的感受，害怕被抛弃、害怕不被爱、害怕孤独。但想象一下，当你不再需要另一个人来填补生活中的空白，或者来平息自我怀疑；当你寻求伴侣的唯一目的是找到一个以互惠方式分享爱的人时，你的人际关系会发生什么变化？

靠恋爱赢得认可，我们很容易在另一个人身边迷失自我；
靠恋爱满足渴望，我们会因为过于依赖外部而内心失控；
靠恋爱获得安全感，这种关系就会变成一项交易。

很有可能，我们将无法发现危机、明确边界或做出正确、积极的改变。这就是健康的、有意识的爱应该由你开始的原因。

我们无法选择对谁有吸引力，但疗愈工程可以对被我们吸引的人和事物产生深远的影响。鉴于疗愈工程中很大一部分内容是关于建立自身安全感的，我们就可以选择去接触那些最能与你的真实自我产生共鸣的人、地点和环境，以免一次又一次地让自己陷入相同的痛苦境地。

我们更愿意选择熟悉的东西，哪怕它让我们痛苦

有一次，一位女士对我说："我的'选择器官'出了问题。""选择器官出了问题是什么意思？"我问。"就是对恋爱对象的判断力不好，总是选错对象。"她回答。

从那以后，我观察了数千名有类似感受的女性，发现她们无论有多渴望一段健康的、有价值的恋爱关系，仍然会被那些在情感上心意不定、完全回避、不愿成长的人所吸引。另外，当她们真的遇到可以托付终身的人时，又会感到无趣。这是一个令人沮丧的恶性循环，常常导致她们在爱情来临时不相信自己如此幸运。我们经常选择熟悉的东西，即使这东西并不让人满意。

你可能会担心永远无法被真正适合你的伴侣所吸引，但相信我，你可以做到这一点。坦率地说，20岁的时候，我一直被那些危险但很热辣、很有诱惑力的人所吸引。那时我觉得稳定和安全的生活很无聊，在我看来，为了保持健康、长久的关系，我必须牺牲激情和刺激。我的模式是去找一个"渣男"，把关系搞得一团糟，然后，找个"好人"来疗伤。

直到 30 岁时，我遇到了本杰明，在对我童年的创伤进行深入研究之后，我清楚地意识到我对爱情的认知是非常有限的，并意识到那只是我的认知，而非真实情况。我和很多有过类似认知的女性一起探讨过，她们都希望在恋爱中彼此互相吸引、沟通顺畅、得到和谐的夫妻生活、日子过得有激情、信守承诺——我保证，这些在恋爱中都可以得到！

要记住，感到兴奋并不意味着必须去疯狂；被一个人吸引也不意味着就要在一起。你不必出于好奇、激情、热情或欲望而与任何人建立关系或产生恋情。能量只是能量，无论在自己身体里感受到什么，都属于你。你可以选择培养这种能量，让它激发你的创造力和内心建设，而不是追随每一次被吸引所产生的冲动去行动。

吸引力不是固定不变的，它也反映出我们的内心在不断地成长和变化。感受吸引力的存在，并通过更多的自我观察来深入地了解自己，迈出与吸引我们的人建立连接的第一步。

纠结过去不如原谅自己，继续向前

一段感情的蜜月期，是非常富有激情的阶段。当我们身处蜜月期时，可能会因为新鲜、刺激而忘记了辨别对方是否是自己合格的潜在伴侣。我们忽略了在约会初期，我们并不了解这个人；也没有深入探讨我们是什么样的人；没有分享我们的梦想、我们的目标以及我们想在彼此的关系中给予什么、接受什么。

对恋爱的理性评估会让我们发现，是真的产生了情感共鸣，还是仅仅因为彼此吸引，这其中有很大的区别。有些人会对我们产生诱惑，也就是对我们有吸引力，却并不适合建立恋爱关系。很多人过度追求蜜月期激情迸发的感觉，并错误地认为这种强烈的刺激会永远持续下去。蜜月期注定要结束，这是自然规律。如果整天沉浸在新鲜、刺激的生活中，你将无法完成很多事情。追求新鲜、刺激会让你丧失责任感，进而无法照顾好家庭。

但美妙的是，当我们学习如何把恋爱当作一种精神实践时，我们的感情生活会发生更多、更深层次的变化，我们收获的快乐和兴奋将远远超过最初的激情所带给我们的感受。内心建设会在你封闭自我时帮助你敞开心扉，或者在你情感冲动时让你放慢节奏，确保你在遇到对的人时，已经做好了准备。

此外，我们还要保持自我同情。很多人在开启自我觉醒的疗愈之旅前，会有很长一段时间陷在重复的循环中，不必为此沮丧。我们在某种程度上是在努力治愈伤痛或为过去发生的事情找到解决办法，所以我们重复同样的模式是完全合理的。当你在恋爱过程中发现自己的处事模式时，与其纠结为什么以前没有看到它，或者希望能回去改变它，不如选择原谅自己，向前迈进，并在生活经历中找到生命的意义。

爱的练习

- 你与自己的关系为生命中的所有关系奠定了基础。
- 内心建设需要你回归自我,为你的思想、情绪和现实承担最基本的责任。
- 如果现在你觉得与真实的自我有点脱节,那也没关系。要心平气和、宽容对待。
- 重建与自己的关系是一个渐进的过程。在这个过程中,你将学会见证自己的想法,并与自己的身体和情绪重新连接起来。
- 选择正确的关系模式并不是要修整自己,而是要重新、完整地认识自我。

- ....
  ....
- ....
  ....
- ....
  ....

第 3 章

回归对自己身体、直觉和价值的信任

我们都是能量敏感型生物。当你走进房间,感觉有些"不对劲",那就是身体对能量的反应;当你感受到周围热烈的气氛,那也是身体对能量的反应。然而,我们生活在逻辑优先的文化氛围中,这种文化将情感定义为弱的、不稳定的、不确定的。虽然这使我们不容易信任自己的身体,但这也可能以一种赋能和锚定自己的方式重新挖掘我们的敏感性。

在第 2 章中,我们谈到了学习观察你的思维。在本章中,我们将开辟一条与你的身体和能量环境建立有意识连接的道路,这样你就可以重启身体的智慧,并提升处理各种情绪的能力。

内心建设可能会遇到以下问题:如何自我安抚或处理在此过程中产生的强烈情绪、能量和感觉。如果我们的情绪无法与自己的身体协调一致,我们可能会做出与思想相反的反应,并因此对自己的行为

产生羞耻感和不信任感。与身体断开连接也可以理解为言行不一,这通常是我们不接受或否认自己的愤怒、悲伤导致的。

当我们能够倾听自己的身体,并可以坐下来处理每一种情绪时,我们会变得更加平和、更擅表达、更为自信。回归身体是疗愈自我、回到真实情况的关键组成部分,它让你学会关注自己的直觉、底线和核心价值观。

在接下来的阅读和学习过程中,如果你遇到困难,请你通过在这里学到的知识和方法来集中注意力,坚持下去。

学习与不适相处,让身体按照它想要的方式运行

有些人童年经历过被忽视、虐待、伤害和遗弃,所以这些孩子从小就学会了将身体的感受与情感隔绝。需要注意的是,即使拥有慈爱的父母也可能会发生这种情况。作为回应,这些人可能暴饮暴食、透支体力、节食厌食、过度分析、有成瘾性问题、遇事理性而冷漠、拒绝亲密关系,他们以此麻痹自己。所以,当感觉自己被困在惯性思维的模式中,无法做出想要的改变时,我们的身体就需要更多的支持来跟上疗愈进程。

童年时期,我们的神经系统会创建一张"地图",用于应对诸如争执、接触、联系之类的情况,以及愤怒、悲伤、喜悦、快乐等感觉。如果在我们年轻的时候发生了一些事情,导致我们变得冷漠、奉承、

拒人千里，或者进入战—逃反应模式[①]（fight-or-flight mode），那么我们成年后的身体仍会持续做出相同的反应，就好像创伤或过往的经历仍在发生一样。在没有工具、时间或安全的空间进行疗愈的情况下，我们可能会被困在这种情绪循环中，直到神经系统得到了释放创伤所需的刺激。

这让我们很难相信自己。我们可能会认为自己无法"感知自己的身体"，因为不能确定何时会对过去的恐惧或实际的威胁做出反应。但是，身体中的所有感觉都在给我们传递信息，你要做的就是去感知这些信息。威胁是真实的还是感知到的并不重要，如果觉得不安全，那就是身体要求你做出改变。让自己进入一个情景或环境，缓慢地、安静地倾听身体试图给你的信息，然后据此做出回应。

我们没有必要去忽视、证明或修复身体的感觉。学习与不适相处，让身体按照它想要的方式运行，就是疗愈。我们抗拒一种情绪，就会在这种不适的情况下坚持更长时间，这种抗拒与不适会形成恶性循环，永无止境。这时，你的身心就会表现出疲劳、疼痛、焦虑和压力。

如果我们遵从自己的身体，它就可以遵从本能，自动释放储存的情感。我们可能会有想摇晃、跳跃、空中踢腿、捶枕头、跑步、按摩腿或在水里泡个澡的冲动，所有这些行为都是我们身体用与生俱来的智慧帮助我们清除不良能量。

[①] 人遇到强刺激时的本能反应。一系列的神经和腺体反应引发机体应激，使躯体做好防御、挣扎或者逃跑的准备。——编者注

但更多人愿意活在主观意识中，不愿遵从身体。遵从身体意味着必须去感受它。当我们背负着原生家庭的伤害，以及自己的恐惧、焦虑和价值感缺失时，感觉真是糟透了。但是，如果我们将主观意识与身体隔绝，我们也与内在的认知断开了联系。

你的身体是你美丽、聪颖的智慧之源。保持身心的完整、和谐，意味着你的头脑、身体和内心将为你的生活指引方向。头脑、身体和内心紧密相连，是人作为完整统一的灵性生物最精妙的状态。

活在主观意识中的表现：

- ◈ 试图马上理解一种感觉。
- ◈ 否认我们的情感现实，因为它不合逻辑。
- ◈ 使用以心智为中心的语言而不是以身体为中心的语言，比如，"我认为"与"我觉得"。
- ◈ 试图说服自己不接受感觉。
- ◈ 试图证明我们感到某种情绪的原因。
- ◈ 过度解释我们的感受。
- ◈ 感觉"麻木"或情绪脱节。
- ◈ 将情感和表现力视为软弱或羞耻。
- ◈ 重视镇定胜过情绪化。
- ◈ 专注于"事实"，就好像情绪没有价值或目的一样。

活在身体里的表现：

- 转向内在，在情绪出现时注意到它，并为它命名，如"我感到悲伤／愤怒／快乐／紧张"，等等。

- 定位并识别身体的感觉，如"我感到腹部紧绷，胸部收缩，下颌僵硬"。

- 当有想法时使用"我认为"，当有情绪时使用"我觉得"，并知道其中的区别。

- 允许自己有感受和感觉，不需要去理解它们。

- 创造机会让能量通达全身，如跳舞、尖叫、哭泣、深呼吸等。

头脑、身体、内心相连的表现：

- 能够区分想法、感觉和感受。

- 在做出决定或开口讲话之前，知道需要时间和空间来处理强烈的情绪。

- 信任身体，探索身体发出的信号，不会直接自我评判。

- 当我们开始脑补事情的其他环节或进行自我评判时，能转而关注自己的呼吸和身体发出的信号。

- 在意识到自己过度思考或陷入恐惧和忧虑时，能够将身体拉回现实。

- 在不知所措时可以通过深呼吸、与内在小孩对话或寻求支持来自我平复。

◆ 遇到困难时既重视情感又重视逻辑。

◆ 当生活中出现直觉、幻觉和无法解释的事情时，保持接纳的心态。

为什么我们不愿意展示"真实的自我"

作为孩子，我们被教导哪些情绪是安全的，哪些会遭到拒绝、羞辱、嘲笑或孤立。许多人因为处理情绪的方式过激而受到惩罚。我们曾被人嫌弃，直到我们的行为"完全符合要求"。作为年轻人，我们的大脑和神经系统仍然与抚养我们的人保持一致。我们需要他们帮助我们度过生活中的大起大落；教会我们接受并认可各种感觉；当我们被自己的情绪搞得不知所措时为我们提供避难所。

许多人并没有得到这些帮助，所以我们的适应性反应找到了其他方式来获得我们所需要的爱和关注，或者在需求得不到满足时通过疏远他人来保护自己。"适应性自我"是我们最初与抚养我们长大的人相处时形成的，或者叫"虚假自我"。我们的"虚假自我"可以被称为"面具"或"盾牌"。我们戴上面具是为了应对创伤，或隐藏受到伤害或背叛的感觉。我们不再表现出"真实的自我"，因为我们学到的是展示真实的自我不安全。

通常，我们会带着这些面具进入成年期，这让建立健康的人际关系变得更具挑战。与此同时，我们会变得警惕、防御、封闭，并学会了隐瞒真相。当内心渴望爱和关注时，我们可能反倒表现得很冷漠。表面上，我们可能在大喊大叫、声音刺耳，但其实我们是相当敏感的，特别在意别人的看法。我们可能会说一些、做一些不由衷的事情，因为我们担心找不到内心渴望的爱，更担心不能保持这份爱。

幸存者面具：除了自己，我不需要任何人

小时候，我非常敏感，心中常常充满对万物的同情和怜悯之情。我想让每个人都靠近我，感受我的爱，我热衷于治愈遇到的每一只动物。最重要的是，我想把妈妈从痛苦中拯救出来。

那年我只有3岁，妈妈时常会在深夜叫醒我，抱着我，一边哭泣，一边讲述她痛苦的过去。她脸上流下的泪水，她痛苦和受虐待的故事，还有她心烦意乱的状态，在我小小的心灵里扎了根。我感到困惑和不知所措，不明白为什么有人会伤害自己所爱的人，比如母亲伤害孩子。我觉得照顾她、治愈她的痛苦成了我的任务。

12岁的时候，我在寄养家庭经受了多次身体上和情感上的遗弃，还有身体上的侵犯。我看着妈妈在成瘾症、抑郁症和自杀企图中挣扎，也逐渐养成了用药物麻痹自己的习惯。我内心敏感的小女孩逐渐变得坚强和警惕，捍卫自己的保护机制就这样逐步形成了。

没有人能穿透我的盾牌,我变得强硬而易怒、刻薄且戒备心强。在生活中我不听劝诫,也不接受爱。

我戴上了幸存者面具,当我缺乏安全感,为了保护自己脆弱的内心时,就会戴上这种面具,因为这会给人一种超级独立的感觉,"除了自己,我不需要任何人"成了我的口头禅。也正因此,我们在最需要支持的时候往往无法得到帮助,于是变得更加灰心失望。幸存者的典型行为就是以牺牲与他人的联系为代价谋求自我保护。

我咄咄逼人,嗓门很大,因为我敏感的天性和娇小的身材被人利用了太多次。于是我戴上面具,告诉全世界我不在乎。我把自己和自己的敏感完全隔绝开来,摆出一副"别惹我,没有人可以伤害我"的架势。但是在坚强的外表下,我非常痛苦。我恐惧、迷茫,渴望得到认可和爱。

老师和家长给我贴上了"坏孩子"的标签,因为在我长大的地方,只有"坏小孩"才会去寄养家庭。大人们不仅没有保护我或保证我的安全,还诋毁我。在我心里,没有人是安全的。我在对抗全世界。

所以,我逃离。

我反抗。

我用药物和酒精麻痹自己。

我试图从不配的人那里得到不值得的爱。

离婚成了唤醒我的催化剂。就在那时，我终于认识到自己的内心有多痛苦、多敏感，在一切表象之下，我曾经完全地抛弃了自己。

能够看清楚自己的面具是疗愈过程中最艰难的阶段之一。只有不再隐藏感受，撕开拒绝与人交往的层层保护，降低防御机制的启动标准，我们才能一步一步地展现自己的敏感，直到最终不再需要那些面具。

到目前为止，面具发挥了很好的作用。在某些情况下，甚至可能就是面具让我活了下来。现在，如果你正在与自己的情绪建立新的关系，让你既能站在自己的边界上，又能活在你的脆弱中，那么下面的内容就很重要了。

情绪是一种能量，请允许它产生

感受就是感受，并没有好坏之分。情绪是一种能量，它们会来也会走。如果允许它们产生，不克制它们，它们会很快过去并发生转化；如果压抑或拒绝它们，它们会通过身体收缩和情绪失调，比如感觉混乱、迷糊困惑、精神分裂或丧失意识等不同的方式以更大的能量表达出来。

当我们产生某种情绪时，本能是试图"解决"它。其实，我们更应该与情绪共处，不要让情绪支配我们的行为，我们可以决定如何应对它们。

有些时候我们的情绪太过强烈，无法立刻被调整，是很正常的。我们不必立即去探究这种情绪的由来，也没必要这样做。过度剖析每种情感的来由，会让你成为强迫症。最好的办法就是停止思考这件事，让身体动起来！跳舞、跑步、走路或任由身体自由运动，都是利用身体运动释放能量、调整情绪的方式。另外，通过放慢生活节奏、充分休息，让身体在大脑放空的状态下自由舒展，会让你感到心胸更加开阔，可以做出更理性的决定，或者采取更切合实际的行动。

根据我对数百名客户的分析，我发现女性在面对压力或冲突时通常会有两种表达方式：愤怒或者悲伤。在这些女性中，许多人要么通过防御或戒备来表达愤怒，要么通过贪婪或感到负罪来表达悲伤。

对于那些倾向于发泄愤怒的人来说，需要通过降低戒备心，允许别人看到自己的脆弱和温柔来练习提升情绪传达。如果我们克制愤怒，只允许自己流泪与悲伤，就会让周围的人无法了解我们的情感边界，眼泪和悲伤不仅无法让我们赢得自己想要的东西，还会让自己与他人都感到无助，并让他人感到内疚。当我们活力不足，悲伤过度的时候，我们很容易被情绪所困扰，不能积极采取行动。如果我们能轻松驾驭情绪的表达，就可以允许自己在需要示弱的时候表现得软弱，也可以在必要的时候为自己或他人大声疾呼。

我们花费了生命中大部分的时间去远离悲伤、拒绝愤怒，而这些处理情绪的新方法很可能会让你无所适从。不要急于求成，调整情绪不是一朝一夕的事。

如果你处于一个以愤怒为主要情绪的阶段，请花些时间深入自己的内心，尝试与你的愤怒共处；如果悲伤是你现阶段的主要情绪，那就感受悲伤在体内流动的感觉，并从中学到超越悲伤的方法。重要的是要记住，情绪是能量，当我们允许能量通达全身时，转化就会发生。

拥抱愤怒与悲伤，而不是去克制它们

大多数人认为愤怒是不良情绪，甚至很可怕，这是因为我们缺乏"健康的愤怒"模式。我们认为愤怒是危险的，主要是因为无论是在家庭中还是在社会上，愤怒历来是破坏力十足的，无论你是努力克制，还是默默地与使你愤怒的对象决裂，愤怒都会让你的内心受到伤害。

但是，健康的愤怒并不需要以上这类表现。愤怒与其他情绪一样神圣和有效。伤害我们的不是愤怒，而是我们经常克制愤怒，直到它以爆发、生病或失去自我的形式表现出来。

愤怒是隐藏在表面之下的悲伤、尴尬、恐惧和不安全感等脆弱情绪的守门人。虽然这些都是痛苦的情绪，但这些情绪每一种都有它背后的形成原因。例如，恐惧会提醒我们遇事要谨慎，尴尬能够让我们意识到自己过于执着，而不安全感可以揭示我们需要在哪方面建立自信心。

最重要的是，愤怒是一种内在的信号，它提醒我们：情绪已经到了边界。如果我们合理地表达愤怒，它就可以让我们卸掉情感包袱，还能使我们朝着正确和真实的方向做出调整。当愤怒控制了我们，我们可能就会陷入充满怨恨的状态。

压抑自己的情绪，会切断充分表达自我的途径。情绪的压抑会阻碍和限制我们的创造力、生命力、激情和完整性。愤怒是人类的正常反应，是缺乏所有权造成的痛苦，它并不是情绪问题。接受自己很愤怒的情感现实，以理性的方式见证自己愤怒，并学习控制冲动，这对于确保情绪的正常运转至关重要。

当你觉得自己的火气失去平衡时，可以深呼吸、散散步、去海边畅游一番，或洗个澡，脱掉鞋和袜子感受光着脚站在地上的感觉……这些感觉也是你回归自己身体的感觉。我们都需要时间从高涨的情绪中冷静下来。当情绪被激发时，没有人能清晰地思考或顺畅地沟通。如果你被激怒，请第一时间抽身离开，让自己有一个关注自我内心、感受自身愤怒的空间，会有助于你平息怒气。

感觉愤怒时，问自己：

◆ 在这种情况下，是什么让我感觉不舒服？

◆ 怎样才能让我感到安全、重要和被尊重？

◆ 我是否在隐瞒自己的真实感受？

◆ 我是否应该将精力从眼前的人或事上转移开？

- 我需要采取行动吗?
- 除了愤怒之外,还有其他我不愿表现出来的情绪吗?
- 是什么让我如此愤怒?
- 我现在是真的需要保护自己,还是我的防御心被激活了?
- 目前的冲突或情况是否使我们联想起过去的事情?
- 现在可以去探究我愤怒之下的温柔和脆弱吗?

就像我们拒绝愤怒一样,我们也经常拒绝悲伤和过度病态化悲伤。其实悲伤是我们疗愈和复原中必不可少的重要部分。现实生活中人们会自动将悲伤视为抑郁症的表现,大家不是尊重悲伤、敬畏悲伤。走出悲伤已经成了一门失传的艺术。我们常被告知,哭泣代表软弱,悲伤不被认可。特别是在现代人的精神世界中,人们往往过分强调"美好的感觉",而忽视了人生经历中愤怒、悲伤和悲痛的价值。

压抑这些情绪,只会导致心理疾病,处理好这些情绪才能通往平安喜乐。悲伤不是无用的、毫无意义的,它是一种净化。流出眼泪是自我清理的过程,我们要对自己更有耐心。

我们经常抗拒悲伤,害怕自己会被困在悲伤里,这种担忧是有一定道理的。悲伤是一种水质的情绪,它能让人感觉裹足难行、停滞不前。悲伤也可以如洪水一般势不可挡,想象一下湍急的河流、瀑布和洪水。悲伤是让我们放慢脚步的信号,我们应该学会去感受悲伤,而不是去克服悲伤。

然而，如果你注意到悲伤变成了痛苦，或者觉得它在很长一段时间内阻碍了你与他人的联系，则说明它已经占据了你的心，并且正在变得具有腐蚀性。在这种情况下，运动是一剂良药：跳舞、拉伸、歌唱、表达。此时，需要与你的火型能量接触，向外扩展去与他人接触并寻求支持。

感到悲伤时，问自己：

◆ 怎样才能温柔地对待自己？

◆ 悲伤的感觉源于我身体的哪个部位？

◆ 我的悲伤有意义吗？

◆ 在情感的清理过程中我处于什么状态？

◆ 如果我表现得贪得无厌，我想要满足的深层需求是什么？

◆ 除了悲伤之外，还有什么情感是我所害怕的？

◆ 寻求支持会有用吗？

◆ 我还处在情感的清理阶段，还是已经转移自己的注意力了？

情感整合的 4 个要素：土、火、气、水

想象自己是由土、火、气、水构成的。这些元素分别构成了我们内在的不同方面，每种元素对我们生活的运作方式都很重要。虽然我们需要这 4 种元素彼此效力，但我们通常只会自然地表现出其中的一

两种元素，这正是我们的独特之处。然而，当我们倾向于只表现其中的一两种元素时，就会错过其他几种生命能量的表现。对于某些人，错过的是自尊（土）或个性（火）的表现；对于另一些人，则是创造力（气）或深层亲密关系（水）的表现。

多数人都喜欢处在自己感觉最舒适的元素状态，并减少与那些感觉上不太熟悉的元素的联系。以火为例，火元素使我们变得敏锐和诚实，当感觉不对头时，火元素占主导的人会大声说出来。或者说，如果我们不按照自己擅长的方式去处理问题，我们会无所适从。为此，我们会裹足不前，为自己不敢去争取而找借口。但是，火的能量如果运用得当，不仅不会烧毁人际关系，反而会通过据理力争来改变自己所处的环境。

请你阅读下面关于每种元素的描述，并找出自己更倾向的类型，然后通过"成长机会"，学习如何提升自己身上其他元素的能量。

土：	脚踏实地	冷静	理性	直觉	固执
	参与	培养	包容	善于自我安慰	

特征：土型的人天生体贴温柔。他们更多地依赖逻辑而不是情感做出判断，土元素也代表着直觉、本能和更新。土型的人很容易满足现状，所以改变会给他们带来不适或压力；通常具有美好的、脚踏实地的能量，并善于倾听；擅长营造

像家一样的环境和氛围。土还代表着安全和自信,在元素的平衡中,土是高度自尊和内心安定的来源。

成长机会:当失去平衡时,土型的人更容易忧心忡忡、自我批判,并沉溺在失衡的状态中不能自拔。他们可以借助水元素获取真相、捕捉直觉和情感;借助火元素变得更加富有表现力;借助气元素走出舒适区,承担更多的责任。

火:

| 强大 | 鼓舞人心 | 脾气暴躁 | 自信 | 性感 |
| 强烈 | 热情 | 行动导向 | 坚定 | |

特征:火型的人通常快速、热情、大胆,在沟通中充满活力。火是一种具有变革性的元素,具有邪恶地吞没或高尚地净化的力量,正还是邪完全取决于自身。正因如此,需要被引向积极的方向,如果不能被宣泄,火可能会向内转化为自我厌恶。火型的人很容易发怒,行动迅速,但意识不到他们的能量对其他人的影响。从积极的一面来看,火型的人能够真实地表达自己,并在必要时给出真相。他们是企业中优秀的领导者,通常对信仰和目标持有强烈的信心。火创造了采取行动的灵感,发起了必要的变革,并开辟了一条前进的道路。

成长机会:当火型的人失去平衡时,最需要的是放慢脚步,让自己平静下来,了解自己的感受,并学习接受脆弱。依靠土元素脚踏实地、自我认同；依靠水元素激发情感；并在畅想不同的未来时依靠气元素。

气：	神秘	体贴	梦幻	有远见	有创造力
	善于社交	友好	精神强大	理智	反复无常

特征：气具有持续运动的特性。在温暖的日子里，一阵和煦的微风会让我们感受到生命的美好；在狂风暴雨的日子里，大风卷起地上的一切，大地一片混乱，它甚至会吹走一切。气型的人可以是很有远见的人，也可以是位梦想家。他们充满了伟大的想法和对未来的计划，天赋在于分享、写作、教学和传递信息。在人际关系中，气型的人可能会被认为很冷漠，或者难以与人建立深厚的友谊，尽管他们渴望被人认识和理解。但人们总会觉得他们难以捉摸，因为他们不管在身体上还是在精力上总是给人一种"人在旅途"的不确定感。气主要与头脑和智力有关，它带给我们洞察力，推动我们审视自己的信仰，帮助我们制订计划并传达我们的想法。

成长机会：由于气型人有时可能会脱离实际，因此他们需要利用土元素来清晰地锚定自己，这在做决定或进入、维持关系时特别有用。他们应该依靠水元素来增加情感深度，并用火元素推动这些伟大的想法变成现实。

水： 情感细腻　　思想深刻　　深情　　直觉敏锐　　感性
女性化　　敏感　　有灵气

特征：水在世界各地的各种文化中都被赋予具有净化作用的内涵。草药浴、花卉浴或盐浴对疾病有一定的疗效。因为水的表现形式多种多样，所以这个元素是不可预测的。温柔而凶猛，赋予生命但具有潜在的破坏性。水型人拥有敏感而梦幻的灵魂，深沉而有智慧，渴望在情感层面与人交流。朋友们常常会向水型的人寻求情感方面的支持，但他们也很容易被情绪或同理心所淹没，所以水型的人需要设定更多的边界。

成长机会：水型人善于了解他人的内心，但要想好好利用这一天赋，他们必须加强自我意识，避免将自己的内在感受灌输给他人。当能量被利用，或者希望带来更多的激情、欢乐和愉悦时，水型人可以通过自身的火元素来确立界限；当陷入情感的汪洋中时，可以召唤土元素来与现实保持联系；当身处困境不知所措时，可以召唤气元素来帮助他们获得具有创造性的解决方案。

明确自己更倾向的类型之后，我们就可以建立元素平台。这是一种在生活中学习培养能量，并提高对自身能量认知的方式，所需要准备的只是开放的心态和兼收并蓄的想法，以及一些对你来说有特殊意义的物品。

在家中找一个感觉舒适，不会被宠物、孩子打扰的地方作为元素平台，小桌子、架子、梳妆台顶部或者壁炉顶部的台子，这些都可以。如果愿意，你可以铺上漂亮的桌布。平台上的物品可以随着你的疗愈过程和成长过程的阶段改变而改变，你可以从大自然中收集自己喜爱的鲜花、松果、石头、贝壳、树叶、苔藓，甚至海水等，摆放在平台上。

布置你的元素平台时，首先要思考哪种元素在你现在的生活中占据主导地位。如果你的性情更倾向于火元素，容易愤怒，你正在努力改变易怒的状态，就可以在平台上放置蜡烛或类似的其他物品来代表你的火元素，以及你想要改善的情感反应模式。在旁边放一碗或一杯水，代表你的温柔、深度和脆弱，水中插一朵花来代表软化、开放和转变。

布置一个展示自己各种元素之间关系的平台，可以帮助自己找到平衡。记住，你所拥有的特质正是你的可爱之处，当你最终能够引导自己所需要面对的能量时，你的能力就得到了提升！

学会驾驭情感触发因素

我们的核心情感会被一些因素触发。未愈合的伤口非常脆弱，当过去受伤害的经历被唤醒时，我们甚至会在意识到发生了什么之前就做出反应或失去控制。很多时候，我们根本意识不到自己被触发的因素是什么，这会使疗愈变得完全没有头绪。

感觉被排斥、抛弃、背叛、遗忘、忽视、控制、拒绝都是很常见的情感触发因素。环境、气味和图像也是触发因素，例如酒精的味道对那些酗酒的人来说就是最直接的触发因素，某种古龙水或香水的味道，或者某个地方因为发生过令人不愉快的事也会成为触发因素。

当我们的情绪被触发，最直接的反应是退缩，并伴随着羞耻感和自我否定心理，做出一些非本性的行为。这肯定是不舒服的，但不去触碰这些伤痛并不是有效的解决办法，你总不能与过去的一切决裂。即使是最健康的关系也有触动我们情感伤痕的概率，被触动并不是问题的关键，重要的是我们应该如何对待触发因素。

如果面对旧伤害，我们是用愤怒和责备来应对，那么任何疗愈都无法医治这些创伤。当我们花时间探索自己的过往，探究我们对爱和被接纳的深层需求时，我们就不会因为紧张而情绪失控，就可以有效地缓解它。做到自我觉醒和心平气和时，那些触发情感的因素就会成为我们的老师。它会告诉我们哪里受伤了，并让我们认识到在最初受伤时是什么让我们受到了伤害、背叛和激怒。

在情感伤痕被触动时按下暂停键，我们就可以选择先进行自我安慰而不是去攻击别人、发短信给前任、在发生冲突时不断给对方打电话、对变心的伴侣依然不肯放手或者把别人变成情感垃圾桶。

大多数人都知道遇到情感问题可以通过分散注意力来缓解，但学会自我安慰、拥抱我们的情绪并妥善应对这些情绪是需要我们不断提升的技能。

下一次当你感到某种情绪被触发时，请你找一个安静的地方，花点时间做一些能够舒缓情绪的练习或进行一次安全的身体锻炼。当你在尝试本书中不同的练习时，请在心里记下哪些练习有效地帮助你舒缓了当时的情绪，以便将这些练习作为你管理情绪的一个工具。

这个简单而强大的身体动作可以提升安全感

- ◈ 注意所处的位置，感觉双脚踏在地面上，随着呼吸数数。
- ◈ 从自己的想法中抽身，此时，不要相信自己的任何想法，成为自我情绪的观察者。
- ◈ 体会自己的感觉并给这种感觉起个名字。在自己的身体里找到能体会到放松的部位。
- ◈ 通过20分钟以上的读书，让自己得到心理放松。
- ◈ 用温水泡脚或者洗个盐浴。
- ◈ 聆听引导进行冥想，并将你所想象的内容在心里呈现。

这个简单而强大的身体练习可以帮助你提升安全感、调节神经系统。它可以帮助你放松身心、关注当下。提升你对安全感的感受力。

1. 花一点时间去感受——坐在椅子上,双脚踩在地板上。
2. 关注自己的呼吸,呼气时用力并发出声音。
3. 抬头注视天花板,然后低头盯着地板。
4. 转头望向身后。
5. 扫视房间,同时注意身体的感觉。
6. 观察房间里物品的颜色、形状和材质。
7. 观察周围的时候,不要忽略身体的感受。
8. 注意你在哪里,大声喊或在心里默念:"我在这里,我很安全。"

放慢脚步,尊重生命周期和四季变化

回归自我指的是重建自己身体里的安全感。

回归自我,是回归自己内心的智慧,也是回归对自己身体、直觉和价值的信任。不管你的情感状况如何、收入水平如何、外在成就如何,你都与爱、自然和精神有着深深的联系。

亲近自然是重新与身体的智慧建立联系的方式之一。花点时间观察大自然，你会发现自己与花草树木并没有太大的不同。通过观察自然在你心中的映射方式，你可以学到很多关于自我和自我情绪的知识。

我们按照思想中固有的模式去处理问题是一种错误的方式，是由一种以获得成功为中心的文化所延伸出来的。我们把目标、行动、完成看得过重，却忽视了生活中的细节。想要让我们的身体与我们的神经系统协调，想知道什么能带给我们安全感，想学会尊重我们敏感的直觉，就要走出主流叙事模式，进入一种更有节奏的生活方式。

放慢脚步，尊重生命周期和季节变化，才是更完整的生活方式，也是与太阳和月亮（阳和阴）的能量和谐共舞的机会。把你在生活中经历的阶段想象成地球的四季。

- 处于情绪的春季时，你会感到兴奋，你会启动新的项目、接受挑战、愿意结识新朋友；
- 在情绪的夏季中，你会更有创造力，更有能力进行社交、分享和建立关系；
- 当情绪的秋季到来，你会开始向内转变，降低速度为放手做准备；
- 进入情绪的冬季，你仿佛沉浸在疗愈的状态，这是一个孕育能量的时刻，此时你需要更多的寂静、滋养和温暖。

没有什么会一成不变，你的情感并不会波澜不惊。随着内心世界的转换与改变，你会注意到自己的需求和欲望也在转变。所有的季节都是加深自己全方位体验人性能力的美好时机，请思考你现在处于什么季节，并相信无论你发现自己在哪里都是合情合理的。就像不能催促大自然转换季节一样，你也不能急于度过自己生命的周期。

- 情绪是一种循环往复的能量。
- 感觉其实并没有好坏之分。
- 不需要急于改变、修复或解决情绪。
- 情绪并不一定要有意义才有价值。
- 并非每种情绪都需要回应或行动,有时候需要的是耐心等待。
- 当头脑和情感一致时,就该采取行动了。
- 学会分离情绪、感觉和思想,我们才能树立起信心。
- 学会让自我安慰像感受呼吸或感觉自己的脚放在地上一样简单。
- 建立直觉和核心价值观之间的连接,同时将情绪与之分离。
- 大自然是位完美的老师,让自然元素为你提供智慧,并通过这种智慧去了解自我内心情感的全景。
- 当你回归身体时,让自己沐浴在自我认同的情感中。告诉自己,此前的离开是有原因的,所以请带着温柔和理解回来。

- ....
  ....
  ....

第 4 章

找到内心那个天真而脆弱的自己

每当我在镇上散步时看到一个陌生人,我都在努力想象他小时候是怎样的人。他们是呆头呆脑、大喊大叫的,还是安静内向、腼腆害羞的?每当我看到有人以自我毁灭的方式行事,或者做出伤害性行为时,我也会想象他曾是某个人珍爱的宝贝。在成长的过程中,那个天真无邪的小孩一定是经历了一些事情,才成了现在的他。当我们能以温柔、包容的眼光去看待身边的每个人,包括我们自己时,就能为同情、理解和更深层次的精神接入提供空间。

内在小孩:深藏于心的情绪化"自我"

每个人都有一个"内在小孩",那就是天真、脆弱的"小我"。情绪化而非逻辑化,这是更喜欢感觉而不是思考的那部分你的表现。虽然我们体内充满了疑惑感、好奇心和创造力，但我们的内心也可以成为被压抑的创伤、恐惧和痛苦记忆的家园，这些记忆看似留在过去，但在很大程度上却是我们当前行为的核心。长大成人后，我们常常与自己的内在小孩隔绝，因此，很大程度上我们没有意识到自己的情感需求，也不清楚我们为什么会有那种需求。

情感成熟不是成年的必然，它是从我们的照顾者和生活中其他重要成年人的健康情感示范中习得的，也是从我们成长过程中所接受到的正面指导中习得的。但是，许多人的父母根本不了解自己的内心世界，因此也无法照顾我们的内心世界。

我们在人际关系中的行为方式反映了我们的情感成熟度。内心如果是由一个"受伤的孩童"掌舵，生活就会充满旷日持久的争吵、戏弄、戏剧性的沟通和暴躁脾气。许多人在与伴侣确定恋爱关系后，会有一大堆合理或不合理的期望。我们对被关注和认可有多饥渴，就证明我们的内在小孩有多需要被滋润。

治愈我们未被满足的需求，是我们接下来要一起进行的工作，因为这些需求将伴随我们步入成年。通过接触不同年龄段的内在小孩，我们可以回溯当时的情感体验，并找到新的方法来培养自己的这些部分。

请记住，父母不可能满足孩子的所有需求。对我而言是出于关心的行为，对你而言就可能会被认为是专横。即使你的父母是善良而有爱心的照顾者，你仍然会有未被满足的需求，或者给你童年时期的情感造成负担的部分。这个过程并不是要责怪你的父母或你身边的任何人，而是要在幼年的你和成年的你之间建立一条直接的沟通渠道，这样你才能在人际关系中体现情感的成熟和智慧。这就是如何成为一个完整的成年人。

作为一个完整的成年人，你能对自己的情感负责，也有能力理解别人的情感状况，意味着我们能够注意自己身体的感觉，观察自己的想法，能够识别和传达强烈的情绪。认同内在情感，我们就能够在冲突中保持真实的自我，并基于客观的角度采取行动，而不是以愤怒、过度反应或封闭自我来进行回应。这就是我们不再被过往的影响或经验所支配，活在当下的方式。

当我们学会接受内在小孩时期被压制的情感，并充满爱心地体贴、感受这些情感，我们才能在情感上成为完整合一的整体。

当你开始尝试与内在小孩沟通时，一定会发现之前未被关注的快乐、纯真和创造力，并发现你成年后生活中的表现就源自这些情感和品质。我希望你记住，当你做这项工作时，任何你能发现的关于你自己的东西都是有价值的。如果你在人际交往中做了什么感到羞愧或尴尬的事，不必感到沮丧，并不是只有你一个人有类似的经历。如果你在恋爱中时常会不信任、拒绝或试探对方，最终导致关系破裂，那就说明你的内在小孩一直处在需要被关注并缺少关爱的状态下。

尝试倾听你内心的声音吧！你会发现力量的源泉、会厘清思路、感到喜悦，并获得医治、得到解脱。采取行动时，请带上你对自己的同情、温柔与接纳。

如果你花点时间和孩子们相处，或者你正好现在有孩子，那你就会知道他们根本不会掩饰自己的情绪。如果他们高兴，就会欢笑；如果他们悲伤，就会掉泪；如果他们生气了，多半也会让你知道他们在生气。他们根本不在乎别人的眼光！

随着年龄增长，我们逐渐学会了调整自己的情感表达，并会考虑表达的时间和地点。在成长的过程中，我们知道脆弱是不安全的，个人的情绪不受欢迎，表达纯粹的快乐是不行的，于是，我们把内在小孩的情绪隐藏了起来。

虽然过滤掉有些情感对我们的日常生活是必要的，比如选择不在工作场合发脾气，但最终我们会与自己这些情感渐行渐远，最终失去与这些情绪的联系。我们会内心设防、隐藏真相、掩饰伤痕、继续攻击，不让任何人看到我们脆弱的一面。唤醒我们的内在小孩可以帮助我们解除这些自我毁灭的模式，找到内心的平和。

唤醒你的内在小孩：

◈ 每天挖掘更多的快乐和敬畏。

◈ 全方位了解自己的情感现实。

◈ 展示你好奇、有创意、有趣的一面。

◈ 保持开放的心态。

◈ 完全自我表达。

◈ 拥抱你的梦想和欲望。

年幼时的心理伤害，是内在小孩受伤的根源

回忆一下你的成长经历：你与父母在情感上是亲近还是疏远？当你发脾气时，父母是认可你还是制止你？惩罚还是羞辱？在你的成长过程中，你的家庭氛围是怎样的？有没有欢声笑语、彼此庆祝？遇到情感问题时能不能开诚布公地对话？你的家人在面对问题时是否习惯只处理情绪，不处理问题？还是干脆闭口不谈，视而不见？

在我还很小的时候，我的情绪就没有可以安放的地方。我的妈妈既不知道该如何做母亲，也不了解孩子，更不明白怎样处理情绪。她认为无论我说什么、做什么都是我自己的事，与她无关。

我记得几年前我们一边开车一边聊天，她说："你还记得 2 岁的时候我们大吵了一架吗？"这怎么可能，2 岁的我只是个婴儿！她接着说："我们进行了一场激烈的尖叫比赛。"我问她是否明白，作为家长，她的职责是花时间和精力帮助我学习如何处理情绪。她却说："我哪知道！我一直以为你大喊大叫都是冲我来的！"

她承认自己不知道父母应该如何与孩子进行情感交流。我很欣赏她的诚实和勇气，但我们的谈话也让我意识到，在学习如何正视自己的情绪或者寻求帮助方面，我所知甚少。

父母并不是因为爱孩子而害怕与之进行情感交流，而是因为他们自己的孩童时代也存在与父母的情感脱节和缺乏关爱的问题。在情感不健全的家庭中长大的父母往往会把类似的情感环境带给他们的

孩子。即便如此，长期以来伤害我们的并不是父母和孩子之间关系的破裂，而是关系破裂后父母从没有承认过他们的过失也不曾为此道歉，这才是我们的关系无法愈合的根本原因。

年幼时的情绪问题或心理伤害是内在小孩受伤的根源。当我们在成长过程中与自己的真实情感脱节时，我们会发现自己越来越不愿意相信别人，也很难寻求或接受帮助，常常因为害怕被拒绝而不愿表现出脆弱。我们会为了填补空虚而放任自己，不敢追求自己真正心仪的人或事，或者通过自暴自弃、不思进取来对抗过于严厉的家长。疗愈受伤的内在小孩，需要步步为营，不断地练习，并以感恩的心态接纳自己不断更新的内心。

我们找到了整合情绪的方法，就能给予和接受爱，并懂得如何寻求帮助和支持，同时知道如何与外界保持适当的距离。在压力、悲伤或冲突加剧的时刻，我们也能够照顾好自己，不再把情绪推开或转嫁到别人身上。

内在小孩受伤的迹象：

- ◆ 一种根深蒂固的信念：你已经崩溃了。
- ◆ 害怕被抛弃和失去爱。
- ◆ 感觉不安全或不够好。
- ◆ 自卑和消极的自言自语。
- ◆ 为了获得他人的认可而丧失自我。

- 害怕设定边界或者说"不"。
- 通过物质、分心和拖延来寻求即时满足。

有意识倾听自己内在小孩的恐惧和渴望

当我们无视内在小孩的需求,拒绝聆听内心的呼声时,反而会不知不觉地按照小孩自我的视角来处理人际关系。我们的内在小孩会把他人看作是我们渴望得到的能量、爱、养育、保护和接纳的源泉,并在不知不觉中将小时候没能从父母那里得到的情感化作期望寄托到伴侣身上。

虽然恋爱关系能够弥补感情的缺失,并起到治愈的作用,但它无法弥补我们童年时所有的情感缺失,也无法改变过去。所以,当我们的伴侣无法满足这些期望时,我们会再次陷入痛苦,并且会无意识地做出具有破坏性的行为,完全不会意识到这是我们内心受伤的小孩在肆意破坏。

这并不意味着我们要断绝与内在小孩的联系。为了更真实地了解我们的情感关系,我们需要有意识地倾听自己内在小孩的恐惧、梦想和渴望,揭开过去需要疗愈的伤疤和记忆,把它们置于我们的羽翼之下。当我们的内在小孩与成年的自我之间能够进行健康的对话时,我们才是一个完整的成人。

就像我们会听孩子倾诉,但不会让他们驾驶我们的车一样,我们要承认自己的内在小孩，但不会让他们来驱动我们的生活。否则我们可能会在人际关系中有不够成熟、爱发脾气、随意指责、冲动反应、谎话连篇、提出不公平要求或者不愿意妥协等行为。我们也可能内化自己小时候所经历的所有批评或忽视，变成自己最讨厌的人。

积极照顾你的内在小孩，就是要汲取成人的智慧，运用同理心倾听他们想要表达的内容，然后以成熟的态度回应自己的内心。被认同并修正的内在小孩将会成为保护和滋养爱的源泉，这爱来自你自己的内心深处，来自你内在的父亲和母亲。

大多数人可能永远也无法想象用跟一个无辜的小孩对话的方法在自己的头脑中对自己说话，也无法想象自己会忽视一个处于情感痛苦中的小生命。重新与我们内在小孩联系是建立自己与自己的交谈，并给予自己应得的善意和同情的机会。

受伤的内在小孩在关系中的表现：

◈ 难以理解情绪并表达情绪。

◈ 期望自己什么都不说伴侣就知道自己想要什么。

◈ 在受伤或难过时，沉默以待，不会大声说出来。

◈ 无视伴侣的经历，期望他们无条件地陪伴。

◈ 生气时大喊大叫、尖声嘶吼、攻击对方或发脾气。

◈ 发生冲突时以自我为中心，不考虑当前的实际情况。

内心完备的成人在关系中的表现：

◆ 对身体的感觉和情绪有感知。

◆ 明白自己的需求并能够清晰地表达出来。

◆ 能够明确表达自己想要什么。

◆ 即使在冲突中也忠于自我。

◆ 设定并尊重自己的边界。

◆ 给内在小孩留出空间，能够清楚、强烈地感受内心的需求。

◆ 练习自爱和自护。

焦虑回避型陷阱

和本杰明交往两个月后，我们开始一起做密宗（Tantra）和阴影工作（shadow work）训练，这是指探索我们内心黑暗部分的一种练习。我们每周会花 3 到 9 个小时来练习，我们踏上了"有意识的关系"之路。虽然我们对情感都有渴望也有意愿，但在大多数情况下，我们在情感方面还是没有自己想象中那么成熟，这在我们发生争吵的时候就反映出来了。我们都是深度致力于内心建设的人，本杰明也是一名情感顾问，然而，我们却在感情中一起跳进了焦虑回避型陷阱！

事情是这样的：当我们之间发生争执时，双方都会情绪失控，然后争吵加剧。这时本杰明会妥协退让，而我会乘胜追击，恨不能当下就分清是非、解决问题。我理所当然地认

为自己是清醒的一方，他是造成问题、回避问题并且需要改正的一方。因为我已经做好了处理问题的准备，而且我确信自己已经弄清了情况，所以我理所当然地认为他是错的。我在分析自己的心理活动方面没有花费任何精力。

这样的争执持续了一年半，我们的关系到了临界点。我总是在情感上最需要他的时候感到被他抛弃和拒绝，因此疲惫不堪；他也总觉得自己是个失败者而筋疲力尽。我们都想找到解决问题的方案，却总是无功而返。有一天，我突然意识到，这段时间以来，我一直在努力通过修复他来修复我们相处的模式。我从没有考虑过为什么本杰明总是想要避开？当他感到厌倦，关上门、离开家去健身房的时候都发生了什么？我深信那是因为他不在乎、没有感觉，根本就没有准备"做出改变"。我的内心是如此的骄傲、强大！

当我再次找到他想跟他谈谈我们的境况时，他以为我又会说一些关于他应该做些什么来改变现状的话，但这一次我没有那样做。我为自己在争吵中始终自以为是向他道歉。我告诉他，自己终于意识到，一直以来总是把所有的责任都推给他，从未控制自己的情绪，并学习如何自我安慰。"从现在开始，如果咱们争吵的时候你不能包容我，我就去另一个房间调整自己的情绪和内心。"我说。当时我们正处于感情的争斗阶段，所以很快就又爆发了一场冲突，我趁机进行了一次情绪的自我安慰。我没有向本杰明提出任何要求，也没有试图控制他，而是告诉他我要去调整自己的情绪。

我把手放在自己的上腹部，闭上眼睛，做了几个长长的深呼吸，然后去感受自己的情绪。我的情绪虽然强烈，但还不至于把我气坏。我觉得很痛苦，但我没有逃避，我感到自己的痛苦里包含着恐惧、慌乱、不适，然后我停在这些情绪中，并与自己内在小孩对话，她告诉我她是多么害怕孤独，我看到这段时间以来，我一直忽略了自己的内心建设，只是专注于努力修复我的伴侣。

从那一刻开始，曾经我们关系中的破坏者变成了一份礼物。本杰明转身离去给了我与自己内在小孩沟通的机会，也让我再次开始关注内在小孩的需求。我学会了如何在需要时进行自我安慰，并由此重新获得内心的安全感。如果每次争吵时，本杰明都毫不退让地激怒我，我根本没有机会去建立这个健康、安全的情绪自我修复系统。我开始对自己的情绪负责后，也给了本杰明他所需要的空间。他的怒气消除了，他不再拒绝我，看似为尽快解决争吵做好了准备。

现在，我们爬出了焦虑回避型陷阱。但我们花了很长时间才达到这一步，它不是通过武力而是通过投降实现的。在我们用理智和成熟的方式接纳彼此之前，我们都得先接纳自己的内心。

我在所有的研讨会和在线课程中都会分享这段往事,因为我的大多数同事都曾以这样或那样的方式落入这种焦虑回避型陷阱。了解自己喜欢哪种相处类型可以有效地帮助我们了解自己以及我们的关系所处的状态。每一次舒适的交往都会不断释放能量,让我们能轻松地走向爱而不是逃避爱。

彼此依恋是人类的天性。健康的依恋就像是在不放弃自己的情况下学习给予爱和接受爱。当我们的依恋需求在生命的早期没有得到满足时,比如缺乏必要的身体接触;没能得到照顾者始终如一的爱;在情感发展过程中没有得到指导;不会协调自己的情绪;不知道如何设定情感边界等,我们就会在成人后通过自身努力去获得或解决自我情感缺失的部分。

当我们与家人、朋友或恋人之间产生强烈的情感或者因为经历过被遗弃而产生恐惧时,这些情绪就会影响并感染我们身边的人。我们可能已经习惯了急迫地追求我们渴望得到的人或事,习惯了在发生冲突时沉默不语或者完全避免产生亲密关系等直觉性反应。但没关系,依恋方式并不是固定的,它是流动的,只要愿意,我们都可以进入安全的依恋状态。

放慢脚步,感受自己的身体,并与内在小孩交流

学习如何掌控我们的内心世界,是要让我们能够知道自己需要

什么，并向那些真正能够帮助我们的人寻求支持。

当我们迫切需要有人将我们从某种激烈的情绪中拯救出来时，我们就会陷入恐慌、失去自我，但拯救我们并不是伴侣的任务，如果不明白这点，我们就会不公平地猜测、责备、控制、追逐或逼迫我们的伴侣。

自我安慰是一种赋能，它是我们理解自己的能力，有了这种能力，我们就知道什么时候该坚持自己的想法，什么时候该寻求帮助和支持。放慢脚步，感受自己的身体，并与内在小孩交流，让我们以成熟的方式先停下来，再做出反应。

任何你需要自我安慰的时候，都可以重复这个过程。作为一个成年人，你现在可以在情绪出现时以关爱自我和富有同情心的方式，开始"养育"你的内在小孩，这是一种对我们生命中最脆弱的部分保持关爱和滋养的终生练习。

感到不安、焦虑和悲伤时，做这些动作

下次你发现自己感到不安全、焦虑、不知所措、悲伤、自闭或被触动时，先找一个安静的地方，根据以下步骤进行练习。

1.躺在床上闭上眼睛，双手放在腹部和左胸。做几

次深呼吸，把身体里的紧张和憋闷都呼出来。想象有一束光进入你的身体，开始放松。

2. 注意身体的感觉，注意你的情绪，给它们起个名字。看看你是否也能找到情绪在身体里的位置。

3. 现在，想象自己和内在小孩待在一起的情景。注意你和你的内在小孩待在一起时周围的环境。你们是在你家的老房子里？是在卧室里？是在大自然中的某个地方？

4. 向你的内在小孩问好，询问他们的感受，然后倾听。也许他们有很多话要说，也许他们很安静。如果他们很安静，只要和他们待在一起，满含爱意地抱住他们。邀请你的内在小孩坐在你的腿上或依偎着你。让他们自己选择。

5. 让你的内在小孩知道你是成年人，你会保证他们的安全。让他们知道他们可以信赖你。告诉他们你哪儿都不去，你会一直照顾他们，倾听他们，给他们表达自己的空间。

6. 花点时间与你的内在小孩分享温柔和充满爱心的话语。如果你不确定该说什么，试试这些肯定的话：

我是为了你而来的，我完全接纳你，我会保护你，我爱你。

7. 给你的内在小孩一份礼物，比如一只泰迪熊，象征着你们现在的关系。想象一下你们拥抱在一起时温暖的感觉，感受彼此的呼吸。想象你们成为一体时，你的内在小孩渐渐融入了你。当你继续呼吸时，保持这种感觉。

8. 注意身体内的感觉，注意你现在的感受。观察你身体中比以前更放松和安全的地方。再做几次深呼吸，动动脚趾，伸展四肢。

9. 睁开眼睛，环顾四周。适应周围的环境，说："我在这里很安全。"

这种练习可以定期开发你的右脑，让你释放更多、更高品质的创造力、直觉和想象力。如果你在练习过程中感受到自身的对抗情绪，这种对抗可能正是你需要的。我们产生对抗的原因，是我们害怕面对这个过程中可能会遇到的人或事；或者为自己越来越像父母而感到不舒服。

这是一段回归纯真的旅程。这样的练习一次又一次把我从一个恐

惧而孤立的境地带回到温暖且形神合一的状态。下面的冥想练习是多年来我在个人疗愈过程中经常使用的，现在我很高兴与你们分享。

开始的时候，你需要每周至少做一次下面的练习，然后逐渐增加，直至每天练习一次，可以随时与自己的内在小孩保持联系，并用你的智慧做出回应。

练习与内在小孩交流，并用成人的智慧做出回应

- 做一次身体"扫描"——调整身体的感觉。
- 闭上眼睛，问内在小孩"你感觉怎么样？""此刻你需要什么？"。
- 通过绘画、制图、做手工的方式来反映你的内在小孩。不必追求完美！
- 培养你的创造力，做一些你小时候喜欢的事情。
- 运用你内在父母的智慧能量给你的内在小孩写一封信。
- 把"你很安全""我在这里照顾你"作为自我安抚的祈祷语。

完成之后，为你的内在小孩设立一个爱心角吧！挑选一张自己喜欢的图片放在精美的相框里，配一束自己最喜爱的鲜花和一支精美的蜡烛，布置成一个小小的景观。再收集一些你的内在小孩喜爱的物品，比如泰迪熊，儿时最喜欢的糖果，或者其他特别的物品。

这些物品要有激发你内心能量、活力、记忆的作用。每当你看到这个爱心角，花一点时间让你的内心充满对你内在小孩的爱。然后想象你的内在父母将以什么样的方式对待你的内在小孩。

爱的练习

- 你的内在小孩注定要被滋养和整合,而不是被拒绝或回避。
- 与内在小孩的健康连接将帮助你变得更加真实。
- 通过疗愈你的内在小孩,记住你与精神和自然的合一。
- 学会专心倾听你的内在小孩,然后让你睿智的内在成年人对此做出回应。
- 你的内在小孩是你喜悦、创造力和赞美生活能力的源泉。让自己去玩、去笑、去拥有快乐。

- ....
- ....
- ....
- ....

Becoming the One

第二部分

疗愈过去的创伤

PART 2

第 5 章

"被遗弃的创伤"的真相与疗愈

是什么驱使我们迫不及待地追求他人？是什么要求我们对认识不久的人作出承诺？是什么让我们被拒绝时感到万分恐惧、不被需要时就撕心裂肺？这些感受背后的原因是什么？我们为什么总是无视那些值得托付终身的人，而对不适合我们的人更感兴趣？

这些是我的读者和客户最想知道答案的问题，也是我们许多人希望结束的那些关系模式背后的原因。

遗弃：对心理和身体的双重伤害

每个寻找伴侣的人，内心都有一种深深的渴望，渴望被需要、被看到、被听到和被理解。当有过需求没被满足的经历时，这种渴望就会被放大。在这些伤痛过后，留下的往往是被遗弃的创伤。

被遗弃是最为严重的一种创伤，它可以渗透到我们生活的方方面面，支配我们的工作、家庭、友谊和恋爱。当被遗弃的伤口还未愈合时，想要发展一段安全、健康的恋情，几乎是不可能的。

被遗弃的创伤不是纯粹的心理结构或心态方面的创伤，它会影响到我们的神经系统。为了确保生存，我们在受伤害期间，形成了习惯性和适应性反应。如果不加以控制，它可能会形成适应不良综合征，例如回避、退缩、被动攻击、莫名愤怒、自我抛弃等，这些都是阻碍我们与他人建立健康联系的反应。主动放弃、紧张焦虑、急迫地追求不适合的人，这些都是被遗弃创伤的表现。

每当争吵时，他提出想独处，我就会毫无理由指责他

我曾经和一位名叫杰德的女士一起工作。每当她跟伴侣发生争执，对方提出暂时分开以便保持冷静时，她都会激动不已，而她却不知道为什么会这样。

在大多数情况下，她与父母的关系很好。她不知道为什么她的情绪会如此激动，但当我们更多地谈论她的童年时，她告诉我说，小时候每当她的情绪激动，或者要表达愤怒时，父母就会立即把她送回她的房间，让她自己待着。她记得那时候她会感到不知所措、惊恐不已，觉得父母就要遗弃她了。通过把这些点点滴滴的事情串联起来，她终于找到了自己的核心情感问题。她当时的感受正是她在恋爱关系中的感受。

就在那一刻她"顿悟"了。杰德明白了,她的伴侣在争吵中想要独处的要求,把她带回到曾经被单独送回房间的那个时刻,导致她的创伤再次暴露了出来,她毫无由来地指责对方,把伴侣推得更远。为了他们的将来,杰德决定尝试在她想要攻击对方的时候暂停下来,试着对她害怕被抛弃的那份情感表示同情。她知道改变不会在一夜之间发生,但她努力在冲突中与伴侣建立更多的信任并尊重伴侣的边界。

当我和人们谈论被遗弃的创伤时,他们认为如果是"在一个正常的家庭中长大"或者父母双全,就不存在这些问题。但是,当我们在情感上感觉到被遗弃时,这些创伤就有可能形成。一些精神学科的传统看法甚至认为,当我们第一次来到这个世界,脐带被剪断的那一刻,最初的遗弃创伤就已经出现了。

几乎不可避免的是,大多数人进入成年期时都会受到某种遗弃的伤害。但没有必要比较历史来验证我们的经验,每个人的往事都不同,但创伤是一样的。治愈被遗弃创伤的美妙之处在于,超越了我们是破碎的或不完整的观念,并记起我们与大自然的联系,以及存在于我们周围和我们内在的爱之间的联系。

被遗弃的创伤可能形成于:

◆ 父亲或母亲离开或去世。

- ◆ 父亲或母亲同在一个屋檐下，但在情感上彼此疏离。
- ◆ 父亲或母亲缺位（从未见过父亲或母亲；被收养等）。
- ◆ 在幼年时期有健康问题，需要手术，住院或与父母分离。
- ◆ 父亲或母亲忽视、惩罚或否认我们的情感体验。
- ◆ 父亲或母亲离开了一段时间（度假、出差等），我们不理解他们的缺位。
- ◆ 父母经历了有争议的离婚、再婚或者发生不忠行为。
- ◆ 父亲或母亲患有慢性病，无法满足我们的情感和身体需求。
- ◆ 在我们不愿意的情况下被送去爷爷奶奶家或夏令营等。
- ◆ 成年生活中，身边亲近的人突然离开、背叛或者死去。

越是亲密的人越容易触发我们的被遗弃的创伤

越是亲密的人越容易触碰到我们被遗弃时所留下的伤痛。我们会在潜意识里认为我们永远没有安全感，或者觉得好东西随时会从我们身边被夺走。这种感觉就像你在等待另一只靴子落地[①]。

遗弃创伤会有的症状：

- ◆ 当你爱的人分享负面反馈或批评意见时，你会感觉受到威胁。
- ◆ 为了得到爱而取悦对方。

---

① 靴子落地，形容描述一种期待某个结果的心情和情绪。——编者注

- 对他人拥有的经验缺乏认同力。
- 喜欢控制他人。
- 对被抛弃感到极度担忧,经常假设最坏的情况。
- 即使极小的冲突也会带来灾难性后果。
- 只信任某一个人,并与之组成依赖联盟,妖魔化其他人。
- 在发生冲突时表现得像个孩子。
- 不愿进行深入的交流,封闭自我,认为交流感受是自找麻烦。
- 容易被感情不稳定或不值得信赖的人吸引。
- 容易轻信认识不久的伙伴。
- 喜欢用冷暴力来惩罚伴侣,而不是积极沟通。
- 对爱慕、帮助、情感和馈赠持拒绝的态度。
- 一旦被拒绝就会表现出激动或兴奋。
- 为了讨新欢的喜悦,放弃自己的爱好、目标,甚至疏远以前的朋友,直至迷失自我。
- 感到不安全,充满自我怀疑。
- 用死缠烂打的方式试图留住之前的伴侣。

讽刺的是,对被遗弃的恐惧会导致自我抛弃。当我们极度担心、害怕被他人抛弃或得不到他人的爱时,我们可能会克制自己的需求,否认我们的价值,并压制我们的情感以谋求与伴侣和睦相处。但是,为爱放弃自我后果会很严重。

所有取悦行为的核心是一种观念，即我们必须压制自我，去迎合其他人的生活习惯。然而现实并非如此，我们必须有自己的生活空间，并允许适合的人按照他们的意愿进入或离开我们的空间。当我们有需求或有渴望时，因为害怕被拒绝而不敢说出来，就会发生自我抛弃。朋友打来邀请电话，即使我们有计划，也会放下一切答应对方，或者当我们陷入浪漫的爱情就无暇顾及友谊。这些都是自我抛弃的行为。

自我抛弃的迹象：

- 很快地与新朋友开启恋爱模式。
- 为了一个喜欢的人放弃一切。
- 忽视危险信号或对不感兴趣的迹象视而不见。
- 假装不是为了赢得别人的认可。
- 把所有的时间都花在新恋人身上，把亲密的朋友放在一旁。
- 利用社交媒体监视前任或现任伴侣。
- 打破为自己设定的边界。
- 使用酒精或其他物质麻醉自己，避免不舒服的感觉。
- 在想说"不"时说了"是"。
- 把取悦别人看得比尊重自己更重要。

结束这种自暴自弃的恶性循环，试着剥开自己惧怕被遗弃的层层外衣，开始坦然接受自己的一切。尝试表达自己的想法、勇敢地说不、

在对自己而言重要的事情上表明立场。当然，如果你的首要任务就是不惜一切代价得到爱的话，就没有必要做上述的这些事情了。为了建立真正有意识的关系，我们必须愿意让别人看到自己的真实面目，同时明确自己的欲求。

"被遗弃的创伤"的 3 种表现形式

约会是一件令人困惑又令人生畏的事。哪个相亲软件比较靠谱？究竟应该什么时候回信息？分手或离婚后多久开始约会比较合理？什么时候可以谈婚论嫁？

在我的主题研讨会上，我经常看到客户在做内心建设时，非常清楚自己的价值观是什么、自己想要什么，但依然渴望恋爱关系稳定。想要一段稳定的感情生活并没有错，但对被抛弃的焦虑会以微妙的方式控制我们的关系模式，迫切地想从约会阶段直接进入承诺阶段，中间跳过了探索阶段，就是焦虑的表现之一。他们甚至没有问问自己："我喜欢这个人是因为他的性格吗？和这个人在一起，我有安全感吗？我们的核心价值观一致吗？"我们往往更关注：我被这个人选中了吗？

表现出不耐烦，通常是为了摆脱感觉不舒服——当这种情绪出现在约会中的时候，我们会更关心接下来有什么令人不快的事会发生；身边的恋人究竟是我们的终身伴侣，还是只是我们人生中的过客。我经常看到人们在一段关系的初期花费了太多的精力，当他们追求的人开始疏远自己时，他们会感到崩溃。当我们的追求太过于紧迫时，这种力量自然会导致对方逃离。

你有权知道对方在哪里，在做些什么，但有时我们会搞不清楚这到底意味着什么。在我帮助过的人中，有些人约会几个星期后就期望对方百分之百地投入，并做好了进一步深入关系的准备。但要更深入地了解某人，进行必要的交流以确定你们是否能走得更远，这都是需要时间的。

请记住，每个人都在按照自己的节奏前进，期望对方在每个层面（心理上、情感上、精神上）都和你一样，是不切实际的。你可以尊重你的边界，明确你的愿望，同时也要给他们留出空间。有些人会直截了当地告诉你，他不想谈恋爱；而有些人行动比较缓慢，需要花时间去了解你。这两者之间有很大的区别。

虽然没有固定的时间，但一到三个月通常能让情侣们有足够的时间和空间去了解对方，发现重要的问题，这样双方都可以衡量他们想要深入下去的程度。对于那些有孩子、正考虑重组家庭的人，可能需要比这更多的时间，因为在这种情况下做出结合的决定，影响的不仅仅是两个人。

还有很多人，刚刚分手，心碎的感觉仍在，就开始新一轮的约会，可能就会搅浑约会池中的水。这并不是说我们出去结识新朋友之前必须得到完美的疗愈，但是当焦虑情绪严重、自信心低落时，我们可能

会更专注外在,期待被需要,而不是关注我们内心的感受。其实我们更需要等待,直到那种紧迫感和焦虑感被时间抚平,直到我们准备好接受新关系中的巨大未知,能够锚定我们真实的感觉,从一个平和、牢固的地方向前迈进,才更易于成功。

当有人离开我们时,我们会有太多的情感需要整理。曾经被遗弃的创伤会被激活,从而让我们内心深处产生出关于做得太多或者做得不够的恐惧。这很可能会导致我们紧紧缠住一个并不想和我们在一起的人。但是,我们对某人有着深深的依恋,也不意味着他就是我们命中注定要在一起的那个人。

当我们以为自己放不下,不断地想着他们,或者拼命地想"赢回他们"时,我们最需要做的就是照料内在小孩,发现他们正在感受:

| 惊恐 | 伤害 | 被遗弃 | 不安全 | 被拒绝 |
| 不满足 | 被无视 | 被轻视 | 被遗忘 | |

当一个小孩感受到以上情绪时,他们最需要的是什么?是安全、保障、安慰和保护。不要理所当然地认为我们所关注的人就是解决我们痛苦的钥匙,只要他们能回到我们身边,就能让我们再次感觉良好。

事实是,一个想要离开你的人根本无法让你感到安全。你要先学会完完全全爱自己,成为你自己安全感和稳定感的根基。与其把所有的精力都花在希望别人回来,不如花些心思回归自我。健康的爱情不是游戏，你不需要"努力"被爱，你天生就是应该被爱，也值得被爱，因为你就是你。

被遗弃的创伤往往有以下三种形式出现在我们的关系中。

◆ 爱情追逐者 ◆

特征：爱情追逐者对爱充满了浪漫的想象力，他们渴望爱的形式和内容丰富多彩，总是喜欢追求那些对他们并不感兴趣，或者回避情感的人。他们会认为自己的努力非常高尚，并相信自己可以"治愈"对方或打开他们的心扉。在某些情况下，爱情追逐者会难以释怀，在感情破裂后很久还继续追求对方。爱情追逐者经常会被"要努力得到某人"的梦想困扰很长一段时间，一边挣扎着想把这个人从脑海中抹去，一边又在偷偷地查看这个人的社交媒体。

成长路径：这种类型的人容易迅速爱上一个人，并朝着承诺加倍努力。他们需要练习保持自我、放慢速度、更直接地交流，并通过在恋情甜蜜期继续强化友谊、保持爱好、信守承诺来尊重自己，而不是为了新恋人改变现状。

◆ 极端独立者 ◆

特征：这种类型的人通过在被抛弃之前离开，或者与他人保持足够的距离以免自己受伤，来获取安全感。极端独立

者以靠自己的力量和能力独自解决一切为荣。通常，这种类型的人会感到孤独和被无视，很难接受帮助、指导或支持。对于这种类型的人来说，最令人挣扎的就是他们不会随随便便向他人敞开心扉，所以当他们与他人建立恋爱关系后也很难放手离开，即使这段关系并不健康。

成长路径：极端独立者通常非常注重隐私，不轻易让人看到自己的真实情感或内心世界，这往往会导致相互依赖或不平衡的关系。极端独立者需要慢慢地敞开他们的心扉，关键是要慢慢来，这样他们就不会压垮自己的神经系统。请求帮助，并试着接受"不要总是在一起"是一种有效的做法，可以弱化他们必须自己完成所有事情的信念。与他人建立安全且相互滋养的友情也是行之有效的好方法！

过度给予者

特征：这种类型的人有强烈的被爱和被验证的需要，他们下意识地认为，必须努力才能赢得爱。过度给予者可能很早就知道，当他们表现得好或以某种方式表现时，会得到更多的关注与接纳，因此这种能量可能会转化为自我放弃和超出自身能力的给予。过度给予者可能会毫无保留地倾诉，直到自己筋疲力尽而愤愤不平。

成长路径：对过度给予者来说，最大的挑战是他们可能会带着一大堆没有表达出来的期望去给予，同时又因为害怕被拒绝而努力表达自己的需求。过度给予者必须学会如何优先考虑自己，在决定付出多少精力时注意平衡，更直接地表达他们想要什么、需要什么。他们可能还需要意识到自己的能量对他人的影响，并认识到何时需要控制它，给对方空间。

人在一生中的不同时期会表现出其中一种或多种类型，有时候也会根据我们和谁在一起而改变。以我为例，我意识到我的边界设定在所有领域都很强大，除了与亲密的女性朋友的友谊。因为对我伤害最深的是我那与抑郁症作斗争的母亲。每当有女性朋友抑郁或经历困难时，我所有的边界都会消失得无影无踪，我又会无意识地开始扮演过度付出者的角色。

如果你发现自己不断地陷入这些类型中，请对自己多些耐心，从熟悉的事物中解脱是一个缓慢的过程。

疗愈发生在你与自我连接的过程中

疗愈被遗弃的创伤要求我们"与过去和睦共处"。当我们没有意识到自己的创伤时，它就会在我们的生活中制造混乱；当我们意识到创伤时，它就能成为我们更深入地剖析自我的动力。

痛苦是我们发现自己潜能的通道，它也是一份礼物。你有可能成为给自己和他人提供生活智慧、同理心和理解力的人。我不相信伤口是我们破碎的部分，即便感觉上是这样。治愈被遗弃的创伤并没有通用的方法，疗愈就发生在你与自我连接的过程中。

以下是一些在疗愈被遗弃的创伤中可以提供帮助的练习。

1. 重建与内在小孩的联系

当你感到恐慌、畏惧、焦虑或不确定时，向内寻找，让你的内在小孩告诉你他们此刻的感受、想法和恐惧的原因。请记住，被遗弃的创伤是过往的伤痛在心中回响，它是你此生挥之不去的痛苦，是你没有得到应有的抚育，没有得到渴望的关注和从未被认真爱过的伤痛。为自己提供治疗，让你的内在小孩被看见、被听到、被关爱、被接受。

2. 让自己感受

当情绪出现时，不做任何评判，仅仅是带着好奇心去领悟。情绪的能量需要被感觉到，这样它们才能在身体中流动，并被及时地处理。你控制得越多，它就越沉重。要把每一次情感体验都看作是对你心灵和头脑的净化。

3. 深入探究你的身体

养成新的习惯可以恢复自信心。花一整天的时间停下来，关注自己的呼吸，并说出自己的感觉。当你抱着痛苦和创伤不放时，身体会倾向于停止运动。漫步、跳舞、瑜伽和自我按摩都有助于恢复你与身体的关系。

4. 学习如何设定和维护边界

学会尊重边界，不论是你与自己的边界还是为别人设定的边界。自暴自弃是被遗弃创伤的副作用之一，当伤口被刺激时，你会渴望得到关注、爱和认可，为了得到这些你可以做任何事情，包括放弃自己的需求。任何捍卫自己在能力、情感或身体方面边界的微小行动都能让你获得力量和勇气。

5. 请求帮助

如果感觉寻求帮助很有挑战，或者你读到这段文字时感觉很抵触，那么很有可能这就是你成长的边缘。我年轻的时候，从不向他人寻求帮助。为了给别人留下深刻印象并得到认可，我会想尽办法自己做每件事。我甚至能在做晚饭的时候用手捏碎胡椒粒制作胡椒粉！对于一个极端独立的人来说，请求帮助可能会让人感到自己非常脆弱，但当我们遇到困难时，通过相互帮助来建立亲密关系，正是人类的特性。请给别人一些了解你的机会，并允许他们陪在你身边。

6. 让爱进入

把自己全新的一面和你的弱点展示给你的伴侣或亲密的朋友。学习信任他人、学习信任自己，还要弄明白你的弱点可以展示给谁！最好选择那些已经被证明情感上安全的人。一个情感上安全的人会不带评判地倾听，提供基于同理心的反思，他不会试图解决你的问题，也不会试图说服你放弃自己的感受。

7. 坚持自己的兴趣、爱好和价值观

有时候,我们急于投入一段恋情,却没有给予对方向我们靠近、对我们表现出兴趣的空间。记住,恋爱关系中你对待自身需求的态度,将会成为你的家庭基调。坚持你所关心的事情,不要把这段关系当作你的整个世界,也不必为此放弃自我。你应该有自己的朋友,有自己的兴趣,参加一些小组活动,并履行你在小组中的职责。这让你锚定自己的核心,也让你更有吸引力,因为你正在通过行动展示自己的价值。

- 有被遗弃的创伤并不意味着你不完整。
- 被遗弃的创伤指向你内在小孩最脆弱和最温柔的部分。
- 即使你有一个充满爱的家庭，也会出现被遗弃的创伤。
- 当你的情感需求没有得到满足时，即使你的父母均在，也会受到遗弃的伤害。
- 疗愈被遗弃的创伤并不意味着你会忘记过去，停止渴望爱、亲近或安慰。这意味着你将不再被痛苦支配。
- 在疗愈你的遗弃创伤时，重点练习适应你的身体并感知你的情绪。
- 其他人没有责任疗愈这个伤口。别人可以给你世界上所有的爱，但你也必须做好工作让那份爱进入你的生活。
- 当遗弃的创伤被触发时，做内在小孩关注练习、自我安慰、寻求帮助并与他人建立联系。

- ....
- ....
- ....

第 6 章

了解父母对我们的影响，转变与父母的关系

父母之间的关系对我们每个人来说都是复杂而独特的。无论我们是如何长大的，无论我们的父母是在情感上、身体上或是在这两方面都缺席，我们在童年时与父母建立的关系都将在我们一生的关系经历中扮演重要的角色。

我们在父亲或母亲受伤时所忍受的大多数心痛都是他们自己尚未处理的痛苦和尚未愈合的创伤。创伤不仅会遗传，甚至会代代相传。但是，反过来我们也可以将智慧和天赋传递下去。

"疗愈"（heal）这个词的英文词根是"使其完整"（to make whole）。虽然许多人终其一生可能都没有机会与父母进行深刻的精神层面的对话，但我们每个人都有能力结束自己家族历史的恶性循环。

通过本章的学习，你会了解如何与自然的能量联系，这种能量是普遍存在的，不仅限于将你带入这个世界的人。在我的疗愈之路上，

我在与大自然的联系中找到了极大的慰藉。在绝望和悲伤时，当我揭开父母深深的伤口时，是月亮、星星、树木和河流紧紧地拥抱着我，提醒我，我从不孤单。你也并不孤单。我们是这个伟大宇宙的一部分，与每个将之称为家的生物都是相关联的。

与父母的关系，深刻影响成人后的人际关系

如果你和父母关系很好，你可能会认为不需要去探索这方面的内心建设，但我鼓励你带着好奇心去看看。其中可能会有一些微妙的东西，能让你现在的人际关系发生巨大的变化。如果你是被收养的，你可能想了解你与亲生父母以及你和养父母的关系。如果你从未见过自己的亲生父母，你仍然可以在能量层面上了解这种关系，这是我在处理与我父亲的关系时所必须做的事情，虽然我从未见过父亲，甚至从未见过父亲的照片。

如果你的父母一方或双方缺席、虐待你、身体不好或者去世了，你会发现经常练习第4章中的内在小孩冥想是有帮助的。对于你来说，在剖析往事时寻求支持也很重要。记住，你可以慢慢来，或者只是让这些话在你心中泛起涟漪，直到你准备好采取下一步行动。如果你还没有准备好，就不急于去探索。

如果你身为父母，可能会希望这一章是讲述你作为父母应该如何表现，而不是如何调整你与父母的关系。你手里拿着这本书本身就证

明了你是一个怎样的家长。请相信，你愿意接受疗愈，这一实际行动就是一份送给你孩子的礼物。

虽然我们对孩子有影响，但却不能完全控制他们如何成长或成为什么样子。他们沿着自己独特的灵魂之路开启今生，我们只是在他们寻找自己的路上保护他们、照顾他们。为孩子做好一切是不可能的，当我们真正认识到这一点，就可以把自己从做个完美家长的沉重负担中释放出来，在我们与亲人的关系上保持真实。现在，你可能感到有些迷茫，请专注于自己，这就是疗愈的开始。

作为孩子，我们视父母为神。他们是我们的保护者、供应者、养育者和引导者，我们的生存完全依赖于他们的照顾。我们通过与父母的关系来学习爱、连接和安全。

如果我们在这个世界上的最初几年是在一对情感稳定的父母充满爱和温暖的怀抱中度过的，这会为我们余生都带来处世的安全感。如果那几年我们与父母的关系不好，也会在我们现在的关系中显现出来。

父母创伤被认为是我们没有从父母那里得到保护、爱和接纳而产生的缺失感。被遗弃的创伤更多是我们感到被独自扔在伤害里，父母创伤则是因为我们缺失了本应从父母的养育和始终如一的照顾中感受到的温情。比如，在父母经常吵架的环境中成长；忍受家里的情感虐待或身体虐待；在表达愤怒、嫉妒、悲伤等强烈情绪时受到惩罚；摊上情感封闭无法表达爱意或提供支持的父母；被收养以及因为药物或疾病失去父母。

如果小时候的需求没有得到满足，我们可能会把这种创伤带到成年，并试图从恋爱中寻求解决方案。虽然伴侣关系肯定为我们提供了一个疗愈过去的机会，但我们也必须认识到，我们的伴侣和朋友没有义务为前人的行为负责。

父母创伤在恋爱关系中的表现：

- ◈ 常常处于焦虑回避状态。
- ◈ 追求无法获得的爱或回避情感的人。
- ◈ 缺乏自我保护意识。
- ◈ 讨好别人。
- ◈ 较强的依赖型人格。
- ◈ 低自尊。
- ◈ 信任感缺失。
- ◈ 嫉妒。
- ◈ 自我破坏（外遇、疏远）。
- ◈ 与人相处时常常感到不安全。
- ◈ 沉迷于混乱和动荡的状态。
- ◈ 自闭、拒绝交流、害怕冲突。

不少人在被父母或亲人抚养长大的过程中经历过以下的情况。列出这些情况的目的并不是要批评或责怪你的父母，只是为了让你更好

地理解你学到的爱的知识。有了这些信息,你就可以意识到自己继承了哪些养育模式,传承了哪些养育问题。最后,希望你可以学会终止伤害,让恶性循环停止。

◆ 缺席型父母 ◆

父母表现:很少在场或从未在场,要么身体在场、情感缺席,这使他们无法提供养育的力量。这种类型的父母可能有虐待狂或上瘾症倾向,但其他的照顾者却没能够保护孩子,或者把孩子从这种家庭带走。尽管父母中的一方可能有无法作为的理由,但从孩子的角度来看,这感觉就像是被抛弃了。

孩子表现:很难得到养育和支持,容易被那些并不适合的人所吸引,并陷入试图赢得爱情的困境。

◆ 虐待型父母 ◆

父母表现:控制和支配,对那些无法自卫的人严重滥用权力。虐待型父母往往有自己的创伤和被虐待的经历,并继续在自己的家庭中延续这种伤害。

孩子表现:很难在人际关系中给予他人信任,因为亲密关系会导致痛苦。这类人的内心深处常常会有羞耻感和被遗忘的感觉。

抑制型父母

父母表现：身体在场，情感缺席。对孩子而言，他们的人并未缺席，但却与孩子的内心隔绝。他们无法为孩子提供同理心、连接、指导或情感领导。

孩子表现：容易脱离自己的感受和感觉，过度依赖逻辑。

上瘾型父母

父母表现：沉迷于工作、金钱、药物等物品或行为，他们的精力分散、逃避现实、自我中心、遥不可及。这种类型父母的特点是身体或情感方面缺失、自私和角色颠倒。

孩子表现：有上瘾症父母的人，在他们自己还是孩子的时候就有可能成为父母。成年后，他们多半会在恋爱关系中重复救助和照顾他人的模式，也可能在低自尊和坚持对他们来说重要的事情中挣扎。

无助型父母

父母表现：由于无法妥善照顾自己、照顾孩子，无助型父母会依靠孩子寻求情感支持，并让孩子背负父母过去的创伤。无助型父母通过寻求与"拯救"他们的人产生关系，但这

往往是有代价的,因为这些拯救者通常自己也存在情感问题,可能会虐待他们、控制他们,甚至对他们不屑一顾。

孩子表现:孩子会产生救助者的倾向,也可能会因为害怕与人纠缠而在人际关系中变得回避。

✦ 拒绝型父母 ✦

父母表现:往往是自己遭受过父母虐待或拒绝的人。这可能导致他们自闭,无法了解自己的情绪,进而拒绝孩子的情绪。拒绝型父母把孩子的强烈情绪看作是问题或者是"坏",并且无法提供支持或指导来帮助孩子克服这些情绪。相反,他们惩罚孩子、孤立孩子,在极端情况下抛弃孩子。

孩子表现:容易在自信和自卑之间挣扎,并会因为被误解而触发情绪失控。

✦ 道德绑架型父母 ✦

父母表现:通过引发内疚和羞耻感让孩子顺从。这类父母会通过操纵、滋生怨恨和不信任来对待孩子。为道德绑架者设定边界可能很有挑战,他们会用"我什么都做不好"或者"你在想办法改变我"这样的态度来回应要他们成长的请求。但试图改变一个人和为我们选择如何交往制定标准是有区别的。

孩子表现： 有的会缺乏设立边界的意识，有的则完全与他人隔绝，以避免被"情感操纵"。他们很难信任别人，对被控制的感觉很敏感，在发生冲突时会变得防御性十足。

◆ 梦想终结型父母 ◆

父母表现： 吹毛求疵、怀疑一切、愤世嫉俗，这种父母会告诉你事情无法达成的所有原因，也会告诉你你做出的决定或你的梦想所有的负面因素。梦想终结者往往与消极情绪有关，因为这是他们从自己父母那得来的经验。有时候他们认为告诉你这些"事实"是为了帮助你。所以，不要轻易与梦想终结型父母分享你的梦想或计划，除非你对自己选择的路充满信心，同时你并不是为了寻求鼓励才这样做，因为你不会从他们身上得到鼓励。

孩子表现： 会觉得需要不断地证明自己，并且需要不断赢得爱，他们很难做到放慢生活的脚步或休息一下。如果你的家人中有一位梦想终结者，你可能需要在沟通和分享方面为他设定边界。

与父母互相关爱的同时，也要为他们设定边界

你可以与父母互相关爱的同时，又为他们设定边界。我们与父母

之间不可能只有爱和光明，没有愤怒和不满，世界不是那样运转的。你有充分的权力去感受自己的感受。花时间处理好你的愤怒，才能不让自己成为亲情关系中的被同情者，这是至关重要的。

大多数时候，父母根本无法平息我们的怒火

27岁的安娜曾接受过我的疗愈帮助，她花了数年时间照顾自己那位在情感和心理健康方面都存在问题的母亲。多数情况下，安娜的母亲恣意践踏她的情感边界，甚至动手打她。随着时间的推移，安娜逐渐从自己的创伤中解脱出来，并意识到她必须与母亲保持距离。当她的母亲再次触碰她的底线时，她终于说出了憋在心里很久的话，她告诉妈妈自己已经成年，需要自己的空间，如果母亲继续这样吵闹，她将搬出去住。

她的母亲终于意识到问题的严重性，有了改变自我的动力，但安娜并没有感到欣喜。"我妈妈终于开始接受治疗了。"她告诉我，"她给我打来电话，想要我表扬她取得的进步，但我满脑子里想的都是'得了吧！你并没有多么努力！'"她解释说，那一刻，她对母亲完全没有同情心。

我表示同意，我也曾处在她的位置上。在我的生活中，曾有一段时间母亲总惹我生气，以至于我每次都是以挂断她的电话来结束我们的谈话。她不是那个能够平息我怒火的人，大多数时候，我们的父母根本不可能平息我们的怒火。

很多时候试图与父母一起处理痛苦，效果可能会适得其反。除非你们有共同语言，否则你的父母很可能无法理解你的痛苦从何而来，这样的对话只会导致更多的挫败感和伤害。但我们都需要找到一个安全的空间来处理这些愤怒，并辨别如何继续这段关系。最好还是把这件事留给值得信赖的治疗师吧，他们不会感情用事，而是通过你的经历做出判断，并给你提出有效的改进方法和建议。

许多人会认为，感觉自己被父母抛弃或背叛是一种有愧于父母的想法，特别是当他们的父母尽到了他们"应尽的职责"时，比如给孩子一个住处，让他们有饭吃。但是，我们需要的不仅仅是食物和住所，我们也需要健康的依恋关系。这需要你用自己的现状来证明。

通过自我反省，明白自己曾经被无视、被误解或被遗弃，了解自己因此而受到的影响，并不是对父母的责备，而是接受你的愤怒、怨恨或者悲伤，这样你才有自由——自由地撰写一个新的故事、自由地把你的父母看成是无辜的。我们不能超越未竟的事业，所以获得自由的唯一途径就是去感受我们所能感受到的，去关爱我们的内在小孩，并与我们的过去和平相处。

在生活中需要与人设定边界时，我们沉重的情绪也可以成为一种指南。就像安娜一样，如果家人不能或不愿意在健康的层面上与我们互动，那么我们需要找到力量来拉开自己与他们的距离，并花时间重新获得清晰的边界。当我们准备好再次与他们接触时，我们就有力量设定条件。

接受父母的本来面目，也为自己的安全设定边界

21岁那年，我开始以不同的方式看待世界。我学会了观察自己的思想、挑战自己的想法、重新连接自己的信仰体系。伴随着对灵性全新发现的兴奋感，我决心帮助妈妈也清醒过来。我花了很多时间教她东西，指出她的现实是多么错误，帮助她更快地疗愈。在这一切的背后，我真正想要的是建立与她的联系。我希望她能痊愈，这样我就可以体验到自己从未得到过的、来自父母的爱的滋养。而这却导致了更多的误解和困惑。

当我不再纠结过去

在我快30岁的时候，我和母亲说起我从3岁到16岁是如何在寄养家庭中长大的，而她否认了这个现实。我很震惊，也很困惑。挂了电话后，我写下了一个时间表，列出了我去过的所有家庭，只是为了让我对我们的谈话感到害怕时能够找到自己的内心。

那次之后，我选择在没有她参与的情况下进行自己的治疗。作为一个孩子，我所经历的一切至今仍令我感到悲伤，直到我开始了解自己的内在防御、内在自我和我受伤的内在小孩后，疗愈才真正开始，我的内心开始变得柔软。我开始明白，我母亲对过去的否认是她的一种自我保护。她对我的童年愧疚，是她内心无法说出口的伤痛。她用抗拒的方式掩饰自己巨大的悲伤，因为她不可能重新做一次母亲。

就此而言，我对她的生活承受着如此多的愧疚深表同情和崇敬。我不想再强迫她做任何的改变了，我认识到我们的道路是不同的。她尽了最大的努力，她只是没有准备好，也没有足够的资源来面对她的过去，试图强迫任何人这样做都是不善良的。我对她能走到今天表示钦佩。当我不再纠结过去时，她终于敞开了心扉，有了愿意改变的想法。

每个家庭都会有一个离群者。离群者是那些醒悟过来并致力于打破代际创伤、功能障碍或恶性循环的人。如果你正在阅读这本书，你就很可能是这个家族里的离群者。无论何时，当我们试图摆脱过去的关系模式，或者对旧观念有所动摇时，我们都会经历情感上的悲伤，这会令离群者有一种孤独的感觉。这种孤独感和我们正在尝试改变或摆脱的东西，会驱使我们想要与父母或家庭成员分享我们的新发现和新观念。

我们可能会认为，应该由我们来帮助他们发现他们在哪里出了问题，或者让他们去调整那些令我们感到不被爱、被拒绝或不安全的方式。但这很难如愿。父母所要承受的是觉得自己很失败的负罪感，这种压力往往是他们难以承受的。

人生经历会让人们在自己的时间点上产生对疗愈的领悟。让他人获得疗愈不是我们的任务，我们也没有能力做到这一点。我们内心建设的一部分是接受他人的本来面目，为自己的安全设定边界，并在与他们交往时在心里留出空间。

如果你的父母推翻或否认你的经历，那是因为他们可能无法面对自己过去的行为，以及随之而来的内疚感，或者，他们对你的过去并不上心。如果他们拒绝的是羞耻感，结果就是防御或否认。但请记住，如果你经历过类似的情况，这不是你的错。

当我们有一种强烈的愿望，想去帮助别人完成他们的内心建设时，请仔细观察自己，可能我们正在逃避什么。当我们想要唤醒某人的时候，我们本质上是希望以某种方式改变他们；当我们想要改变一个人时，我们本质上是想得到更多的爱、认可、联系和亲密关系。不是每个人都愿意为内心的成长和拥有更深层次的亲密关系去努力，而我们也不需要任何人为了爱我们而改变、而努力。

自从多年前的那次经历以来，我的母亲已经能够与我进行一些艰难的对话了。她为否认我的真实感受而道歉，承认我曾经历了痛苦。她的改变并没有按照我的计划发生，但她的改变证实了她对我的爱，那才是生活赠予我的礼物。她曾经拒绝面对现实，使我不得不做出向自己的内心寻找解决方法的选择，同时我也有了向神圣的自然母亲寻求联系的机会，每当我在森林里或参加户外活动时，这种来自自然的能量对我来说都格外强大。某一刻，当我们迫切想要得到，却无法得到而别无选择时，我们的内心才有可能发生更深层次的转变。

认识到你与父母的相似之处，是加深自我接纳和自爱的机会

我们会模仿父母的动作、行为和表情。如果我们对童年有着美好的回忆，和父母的关系也很好，这并不是什么大问题。然而，如果我们对父母的记忆伴随着痛苦、评判或厌恶，我们就会发现自己处于自我排斥和羞愧的境地。我们都在某些方面像自己的父母，能够承认这一点会为更深层次的自我接纳铺平道路。

在疗愈我与母亲的创伤之前，每当我从镜子里看到她的特征映射在我身上时，心里都会感觉特别难受。我长着和她一样的眼睛和鼻子，这让我感到害怕。看着镜中的自己让我想起了她，我还没有原谅她。

当我更深入地研究自己时，我对母亲有了新的感觉。慢慢地，我开始注意自己像她的每一个地方，我没有把这种意识推开，也没有再感觉不舒服，而是有一种温暖的感觉。我开始注意到我从她身上继承下来的那些我喜欢和钦佩的品质。一旦我愿意直面自己的自我拒绝和拒绝母亲的阴暗面后，我就能够获得更深层次的自爱和完整感了。

从母亲身上，我学会了不为小事操心，学会了慷慨大方、自得其乐、随时感恩，学会了相信自己、努力坚持。当我终于不再为她所不具有的一切而生她的气时，我才会赞美她所拥有的一切。

认识到父母的特点、特征和风格，是了解你自己的第一步，因为你的行为、表现就是他们行为、表现的映射。当你感到踏实且开放时，

找一个安静的地方,点燃蜡烛,并遵循以下提示。

我不喜欢我母亲的一点是:_____
我拒绝的母亲的品质是:_____
我一直想从母亲那里得到的东西是:_____
我喜欢自己身上所拥有的母亲的品质是:_____

我不喜欢我父亲的一点是:_____
我拒绝的父亲的品质是:_____
我一直想从父亲那里得到的东西是:_____
我喜欢自己身上所拥有的父亲的品质是:_____

你不喜欢的或者拒绝的父母的特质,也可能是你很难接受的自己的特质。当这些品质(比如责备或负罪感的倾向)出现在你身上时,越早发现越好,与它和谐共处,不要去压制它。你会更多地注意到这些行为,对它们有新的认识,这就给了你转变的力量。

在记录的过程中,请关注你的身体。有时候,如果你在父母身上看到一些你发自内心不喜欢的东西,你会对抗自己的直觉,转而向与他们完全不同的另一个方向发展,例如:我的母亲是一名艺术家,我因为恨我的母亲,所以我从不开发自己绘画的天赋。这就是阻碍你发展天赋和充分表现自我的创伤。不要再试图变得更像,或者根本不像我们的父母，请专注于做我们自己。

认识到你与父母的相似之处，是加深自我接纳和自爱的机会；关注你从父母那里继承的积极的东西，是一个软化自己内心和改善与父母关系的开端。

从大自然中获取能量

神圣的自然能量是无条件的爱的根源，它就在你周围。四条腿的、有翅膀的、花草和树木——它们都在共同努力滋养着我们，终有一天，我们也会回归大地。记住，爱并不是存在于你之外的东西，爱是你所有的一切以及造就你的一切。无论你的父母如何，你都有能力与自然这个神圣的能量源连接。

那棵郁金香大树是她表达悲伤的神秘园

一个温暖的夏日，我的朋友安雅和我坐在通往大花园和树林的露台上。我们开始谈论我们的父母创伤疗愈之旅，她给我分享了她的故事。

安雅小的时候，父亲因病去世了。从那时起，周围的一切对她而言都变得极其混乱，她感到与人交流也很困难。学校课间休息时，她经常会悄悄地从朋友身边溜开，到一棵非洲郁金香树下去坐着。那是一棵开着鲜红花朵的热带树木，她就躺在那棵树下，在几个大树根之间，感觉像被人抱着。"我当时只有 13 岁，但那是一个能带给我平静的难忘时刻。"她告诉我。安雅描述大自然如何成为她父亲的圣殿，以及躺在飘落的郁金香花瓣下面"感觉就像是和他在一起"。

在家里，她觉得无法表达自己的悲伤、愤怒，也无法表达她对父亲的深深思念。安雅的妈妈是一个非常有爱心的人，但她同样受到情绪的影响，看到安雅哭，她也会难以自持。"家人们都沉浸在自己的痛苦中，我认为他们没有能力同时兼顾我的痛苦。于是，那棵树就成了我安静思考的地方，也是容纳我痛苦的神秘园。"她说。

安雅成年后的大部分时间都在愤怒和悲伤中度过，她必须成为那个"坚强的人"，而她最需要的是表达悲伤的空间。通过自己的疗愈，安雅看到了母亲的纯真，并意识到她无法陪伴自己并非源于恶意，而是源于爱。即使在最黑暗的时刻，只要她来到大自然中，就从不会感到孤单。

作为年幼的孩子，我们都喜欢玩耍，喜欢身处大自然，我们本能地知道如何从自然元素中获取能量。作为成年人，我们经常忘记回到这个与生俱来的疗愈之源。无论是一棵支撑我们度过重要时刻的非洲郁金香树，还是我们深深扎进泥土里的脚趾头，大自然都在提醒我们，我们还在这里，我们会没事的，大自然是我们从父母的创伤中挣脱出来找到平静的地方。通过将父母从他们的角色中解放出来,我们接受了他们也只是人类的事实,也重新获得了自己的疗愈本能。以下是培养自然能量的方法:

1. **提升自我关注的能量**。你真的想做这件事吗?真的想和那个人在一起吗?想吃那份食物吗?此刻你必须去厕所吗?这些都是与你的身体进行交流、对话的日常小练习,这些交流和对话可以帮助你提升自我关注的能量。

2. **汲取自然母亲的能量**。海与河流,树木、草地和花朵,风与火,土和根……接触大自然是你恢复敏感度和感受联系的有效方式。去大自然中散步,花点时间真正停下来倾听自然的声音。闭上眼睛,听树叶在风中沙沙作响,树木弯曲摇曳,鸟儿在鸣唱。感受雨水落下,阳光亲吻你的皮肤,雪花飘落在你的脸颊上。把脚趾浸入河里,在海中游泳,感受脚下的大地,与滋养你的万物产生联系。

3. **激发自己的保护能量**。利用自己的凶猛来设定边界,保护你的能量。

4. **对自己负责任**。对想要责怪他人的冲动保持警惕。对自己的思想、感受和行为负责,并有意识地引导自己采取温和的行动。

5. **成为自己人生的主宰**。你不需要征得别人的同意就可以过你想要的生活。这是你的人生。你可以对别人的反馈持开放态度,同时坚持自己的真实想法。

6. **开心和快乐最重要**。人类在笑的时候学习效果最好!拥抱你

内心的喜悦,把快乐放在首位,这是你能为自己的幸福做的最重要的事情之一。

当你与自然能量产生联系后,你可能会迫切地想诉说和解决你与现实父母的感情问题。在这种情况下,我推荐你做下面的书信日常练习。请记住,这个过程是让你完全接受和拥抱你的愤怒、怨恨或伤害,这样你才可以释放它。你无法绕过自己的不满做到释怀,所以允许自己在这个练习中进行充分的表达。

写信发泄对父母的任何真实情绪,让信消失在风中

给你的父母写封信。倾诉他们对你造成的伤害,把你想对他们说的话、你想让他们满足的一切需求、他们让你失望的所有事都写下来。告诉他们你爱他们什么,你讨厌他们什么,把心里的一切情绪都发泄出来。但是,这封信是写给你自己的,并不是写给他们的。你剖析越深入,你会从这个过程中得到越多。(注:在任何情况下都不要把这封信寄给你的父母,这是给你一个人的仪式。)

1. 心扉可视化:信写完了,闭上眼睛坐下来,把他们想象成小孩子,感受他们的纯真。想象一下,

代表怨愤的绿色和代表爱的粉红色雾气充满了你所处的空间，看到雾气从你的心中散发出来并转移到了他们的心中。让温暖和慈悲在你内心自然地升起，如果你能感受到，进一步让它渗透到你的整个能量体内。

2. 燃烧仪式：点燃一支蜡烛，把这封信郑重地摆在面前，当你觉得准备好了，可以把它烧掉。或者把这封信放进一碗水里，直到字迹模糊。

3. 结束祷告：把手放在胸口，安静地感受自己内在的能量。大声地或者在你的脑海里说："我不再怨恨你们了，我们的一切都过去了，你那时也很幼稚。"安静地坐在这个属于你的空间里时，注意你的内在能量，想象自己扎根于大地。用内在能量来拥抱自己、关心自己。

- 承认父母创伤并不是要内疚或者责怪父母。
- 不需要与父母分享你疗愈的过程。这项工作是让你自己得到治愈。
- 疗愈父母创伤是一个缓慢而渐进的过程,需要你感受自己的感受,并最终找到接受或宽恕的路径。
- 大多数父母没有过自我内心建设,我们很难与父母进行深入交流。
- 你的父母也有自己的缺陷、过去的创伤和性格方面的障碍。他们无法或没有能力满足你的需要,这并不反映你的价值。
- 你可以通过疗愈得到转变,也可以通过在自己的内心和思想中转变你与父母的关系,进而提升与父母在现实生活中的关系。
- 父母能量可以在大自然中、在你自己身上找到。照顾好自己的内心,设定边界,尊重你内心的声音,提升你自己的父母能量。
- 学会去连接爱与自然。记住,你并不孤单。
- 您可以根据需要多次给父母写信,不要指望做一次就能起到作用。
- ....
- ....

第 7 章

理解和接受过去，宽恕自己

宽恕是一个沉重的词，它对我们每个人都有不同的意义，这取决于我们过去的经历和与我们在一起的人。宽恕是一条在精神层面理解和接受的路径，不是要继续允许不良行为或为某人的行为辩护，它为我们提供了一种更深层次的人类体验，让我们看到每一层伤害下都有纯真，也是让我们的内心从愤怒、痛苦和怨恨中解脱出来，获得自由的方法。

恋人出差前我总是和他吵架，因为我怨恨幼时父亲的离开

达科塔和父亲的关系非常亲密。她喜欢晚上放学后给父亲讲她一天的情况，听父亲讲他那些年在农场工作的故事。为了和父亲待在一起，她会跟他在香草花园里除草，不去和邻居家的孩子一起玩。

她父母的婚姻并不幸福。他们从不吵架，彼此之间也很少接触——他们甚至没有睡在同一个房间里。当达科塔9岁时，她的父亲带着一只破旧的蓝色大行李箱和4个纸板箱，开着他的皮卡车离开了。最初的几个月父亲常给她打电话，问她学校的情况，但后来电话越来越少，直到他们完全失去了联系。

28岁那年，达科塔和一个名叫雅各布的男人约会。他经常出差，一去就是几个星期。每次他要出差的前一晚，达科塔都会挑起争端甚至对他大打出手。实际上，她讨厌在他出差前的晚上跟他吵架。即使她非常不愿与他分开，甚至到了绝望的程度，自尊心也会使她封闭起来，不理他，直到第二天早上他离开。

这种相处模式破坏性很强，她不希望继续这样下去。随着时间的推移，达科塔意识到，每当雅各布准备离开时，她的内在小孩就开始恐慌，父亲离开的痛苦记忆就被激活了。为了和伴侣在一起，达科塔必须与她的父亲和平相处，不再把过去的怨恨带到现在。

达科塔开始练习与内在小孩交流，她学会了自我安慰，并给她的父亲写了几封信，通过自我内心交流，最终把信烧掉。一段时间后，她原谅了父亲以那样的方式离开，每当她想起他时仍会感到内心柔软，她也不再有厌恶自己的感觉了。

取而代之的是,她接受了自己的过往,甚至很感激有机会在疗愈的过程中与自己建立起美好的联系。

慢慢地,达科塔学会了展示自己内心的柔软,并在雅各布离开的前一晚不再吵闹和拒绝他,达科塔逐渐找回了自我,他们变得亲密而融洽了。对父亲的宽恕,将她带入自己内心深处的安全之地。一段时间后,达科塔放下戒备开始信任生活,因为她知道,作为成年人,她不会再被遗弃了。即使她的伴侣不在她身边,她也知道自己会没事的。

疗愈这些深深的伤口需要时间。这是一个缓慢的、非线性的过程,需要巨大的勇气。对这部分工作感到抗拒、害怕是正常的,我们无法再将自己隐藏在愤怒和责备的背后。

虽然正义的愤怒在我们疗愈悲伤的过程中至关重要,但我们不能永远停留在那种能量中。如果我们最终没有变得温和、回归内心并能够宽恕,我们就仍会被困在往事中,痛苦将永无止境。

耿耿于怀过去的背叛或愤怒,会妨碍我们看清楚问题

晚上躺在床上的时候,你的脑海里会不会不断回想着某天某人对你做的一件小事或对你的一次伤害?有没有在洗澡的时候想象过,如果有机会你会对他们说些什么?

如果想维持健康的人际关系，就要能够原谅别人的小过失。人与人之间总会无意间互相伤害，也会不时犯错误，知道什么时候该原谅是至关重要的。如果宽恕这些小事对你来说不那么容易，通常是因为你心里的往事在作祟。当我们很快地拒绝他人或者投降认输而不是试图修复与他们的关系时，很可能是因为我们对过去的愤怒耿耿于怀，这些愤怒阻碍了我们拥有和谐的人际关系。有上述问题的人通常会有以下表现：在说到某些问题时指向"所有人"；用愤世嫉俗的角度去看待别人；总是期待事情变得和以前一样。

耿耿于怀过去的背叛或愤怒会妨碍我们看清楚问题，会让我们陷入责备、怨恨和内部混乱的模式。虽然我们希望对方在我们放手之前为自己的行为承担责任，但残酷的事实是，怀有怨恨只会让我们——而不是他们——付出高昂的代价。与父母、兄弟姐妹、过去的伴侣和过去的朋友之间未愈合、未解决的情感问题，会在我们内心情感世界的深处徘徊。

就像达科塔和她的父亲一样，当我们无法原谅某人的过错时，他们就会在我们的内心世界随时出没，在潜意识中影响我们的日常生活。那些影响我们的人可能很幸运，他们根本没有意识到他们造成的影响，但我们却是受苦的人。所以，请把宽恕和接纳想象成向他们发出驱逐通知。只要我们还抱着怨恨不放，在脑海里重演过去的事情，我们就无法得到自由。

有时候，宽恕应该是自私的。它代表着我们收回这项权力，不再

给那些不配在我们生活中占有一席之地的人提供能量；它也代表着清除任何让我们感到沉重的东西，并在我们的意识中为更有价值的人或事创造空间。

当你意识到往事中有尚未解决的问题时，你可以不需要从对方那里得到任何东西而进行自我疗愈。你不需要去向你的前任或父母寻求答案，或者去向那些你已经很长时间没有联系的人提起过去。只有当明确的机会出现，并且感觉这样做没问题的时候，再去接近过去的人。

记住，放手不是为了他们，而是为了你自己。宽恕是通往自我内心自由的道路，它扩展了我们的能力，让我们再次敞开心扉去爱，去信任自己，去体验生活所提供的广阔和美好。

写下那些你无法放下的伤痛

找一个安静的地方，花 10 到 15 分钟来反省。写下一份名单，列出那些你仍然心怀愤怒、怨恨或未解决的人或事。有没有一个伤害过你的人，让你一直铭记于心？有没有一份记忆或一个人让你有负罪感？谁仍然控制着你？请拿着这个清单，你将在本章后面的宽恕仪式中用到它。

接纳不是原谅错误，而是承认过去无法改变

我的思想越来越成熟，我就越来越原谅和同情我的母亲。我看到了她从小就承受的创伤和虐待，我不再为自己年幼时没有得到她的关爱而悲伤，我开始为她的童年经历悲伤，为她的母亲对待她的方式感到悲伤，因为那比我所经历的更糟糕。我开始意识到，虽然我原谅了我的母亲，但仍然对祖母造成的所有痛苦感到愤怒和怨恨。

我的祖母是一个非常暴虐和精神不健康的女人，她所做的事情是无法形容的。我无法接受或理解她对我母亲所做的一切，她对我母亲的虐待行为对我来说，根本没有办法理解。

有些事情是不可原谅的。当有人越界时你感到愤怒是正常的，寻求正义也是正确的。当某人对你造成伤害，你必须从你的生活中移除他们的能量。你不需要用爱来疗愈他们，或者把他们从痛苦中拯救出来。那是他们自己的事，不是你的事。你所要做的是学会接纳这一切。

接纳很重要，因为没有它，我们就会对自己产生抗拒。我们可能会反复思考，希望时光倒流，在悔恨或复仇的想法中挣扎，或者从一个非常黯淡的角度看世界。当我们承认发生的事情不好，同时选择接受新的可能性时，我们就给了自己一个重新敞开心扉的机会。

接纳不是为了看到他人的纯真或理解他们行为的根源，而是愿意承认过去的本质，知道我们不能改写历史。有了接纳，我们就可以整合我们的现实，并做出有意识的选择，看到世界上的美好仍然存在。

宽恕或接纳不意味：

◆ 允许他们回到你的生活中。

◆ 他们有第二次（或第三次或第四次）机会。

◆ 他们所做的一切都是正常的，他们不再承担责任。

◆ 你所受到的伤害正在减少。

◆ 你无权对所发生的事情有自己的感受。

宽恕或接纳意味着：

◆ 你承认已经发生的事情无法改变。

◆ 你的感觉依然存在，但你已经准备好放下过去，拥抱未来。

◆ 你已经准备好释放自己，不再一遍又一遍地在头脑和神经系统中重播伤害事件。

◆ 你不想再让愤怒和恐惧掌权，让他们占据你的身体。

"宽恕"的 8 个阶段

就像悲伤一样，宽恕也是分阶段的。在某种程度上，很难把悲伤的过程和宽恕的过程分开。我们可能会遇到否认、愤怒、讨价还价、沮丧和接纳，直到最终平静面对过往。

宽恕共分为 8 个阶段。

第一阶段：承认发生了什么

你活在头脑里还是身体里？受到伤害时，我们有时会离开自己的身体，自闭以避免感受到痛苦和愤怒。当你启动走向宽恕的进程时，你需要回到自己的身体，承认你对所发生的事情的感觉。

第二阶段：感受你的愤怒和悲伤

不要急于感受自己对所发生事情的情绪。你的愤慨和怒气与你的爱意和宽恕一样，都是可以接受的，也值得拥有一席之地。我们感觉到自己为了得到疗愈，不遗余力，因此无论你在疗愈之旅的哪个阶段，都要知道：

你的愤怒很重要。

你的悲伤很美丽。

你的声音很重要。

你的内心很无辜。

找到"你是谁"这一真相才会安全。

第三阶段：触及内心的伤痛

在第 3 章中，我们学习了如何通过表象感受了解深层感受。在放手之前，你的表象情感可能有很多层面需要去感

受和承认。当你进入诸如愤怒或怨恨等防御状态时,去探索它们背后可能隐藏着什么,直到你能触及自己脆弱的状态。

第四阶段:与过去建立联系

探索这种情况如何让你想起过去发生的事情,也许要一直追溯到你的童年。因为背叛的痛苦深深植根于你的往事中。如果你需要更多的帮助来探索这一点,我将在下一章帮你理解你的过往意味着什么。

第五阶段:同情自己所受的伤害

被人伤害或冤枉时,我们会渴望有人同情我们的遭遇,希望有人看到、理解我们。在寻求宽恕的过程中,我们必须练习对自己有同理心,并关注我们的内在小孩。像把手放在自己心上那样进行自我对话,问内在小孩:"如果让你对我说话,你会说什么?"让你的心说话,并认真倾听。

第六阶段:验证你的现实

如果自己的经历让你感到无奈,那么你很难继续前进。与值得信赖的导师或治疗师合作,他们可以在你的疗愈过程中提供同理心和验证,这是非常宝贵的。如果你的生活中没有这样的人,就要学会自我验证。

请尝试默念以下这些话来练习自我验证：

"我现在的感觉是＿＿＿＿＿，这没关系。"

"我可以同时感觉到＿＿＿＿和＿＿＿＿。"

"在这种情况下，我有权感受自己的感受。"

"在这种情况下，我已经尽力了。"

"我的愤怒是正常的。"

"我的悲痛是正常的。"

"我的悲伤是正常的。"

"我可以也应该得到平静。"

✦ 第七阶段：接受新现实 ✦

伴随着生活中的冲突、巨变或破坏，都会出现一个新的现实。无论我们是欢迎还是拒绝改变，唯一不变的就是改变。当你通过了其他阶段，你会发现接受新现实要容易得多。如果你发现自己非常难以接受现在的现实，这可能意味着你需要在其他阶段多花一点时间，不要急。

✦ 第八阶段：寻求平静 ✦

当你真实地经历了所有的阶段，你自然会找到平静。通过这些阶段时，你可能会发现自己在感觉完整和愤怒悲伤之间来回徘徊。这是正常的，你并没有"退步"。不同的花会在

不同的季节里开放,所以请为它的发生留出空间,并在流程推进过程中保持好奇心。

下面我们来进行一个宽恕仪式,这个仪式将在你的宽恕过程中提供帮助。和之前一样,每一次写信都只是给你自己的,不要把这封信寄给那个人。列出你仍在努力宽恕的人的名单,在这个仪式过程中,从中选出一个人作为此次要宽恕的对象。

与第六章中提供的信件仪式一样,你可以在一段时间内保留这封信,妥善收好,直到你准备好了,直到你真正感到平和、内心接纳并准备放手,然后烧掉这封信。

给过去的人写一封信,挖掘你情感背后的原因

1. 对他们说出你想说的一切。不必克制,即使信的内容是怒不可遏的。
2. 尽可能真实。请记住,这是一个为你而设的治疗过程,不是为其他人。
3. 你可能会发现,在信中,你感到强烈的愤怒和悲伤交织的情绪。当我们对某人(过去的爱人、父母、朋友)敞开心扉,并且认为爱是理所当然的时候,背叛是最伤人的。

4. 写下所有你想从他们那里得到的以及他们让你失望的人或事。

尝试扩展以下句子

你可以用你自己的格式写这封信,或使用下面的短语。它们会帮助你深入挖掘你情感背后的原因。

我生你的气,因为_____。

我恨你,因为_____。

我爱你,因为_____。

我想从你那里得到的是_____。

我害怕的是_____。

我想对你说的是_____。

我在我们的关系中扮演的角色是_____。

我要责怪你的是_____。

我要承担责任的事情是_____。

我准备接受_____。

我原谅自己曾_____。

我已经准备好把你从_____放开。

- 宽恕是给你的，不是给别人的。
- 宽恕可以改善你的健康状况：拥有更好的睡眠、更充沛的精力、更灵活的身体。
- 宽恕让你回到自己的权力之位，并提供内在的自由。
- 宽恕并不总是意味着和解。
- 有时候宽恕看起来更像是接纳，这样你才能继续前进。
- 不要匆忙完成宽恕的过程，宽恕过程中的每一个阶段（悲伤、愤怒、接纳、平静）都不可或缺。
- 在准备好之前，你不必放手，可以慢慢来。
- 宽恕是一个有机的过程，你不需要强迫它。
- 经历宽恕所有阶段后的最终结果是真正的平静。

- ....
  ....
- ....
  ....

Becoming the One

第三部分

探索你的
情感关系模式

PART
3

第 8 章

我们的经历会影响我们对事物的认知

在不安全的状态下学习信任爱、接受爱历来都不是容易的事。如果我们以前受到过伤害或者背叛,保持警惕是完全正常的。如果没有自我保护的能力,我们就不会进化成今天的人类。但同样是这种自我保护的本能,也会让我们远离真正的亲密关系。

当过去的伤害歪曲了当前的现实时,我们就会被投射所束缚。

投射:我们将过往的情感强加于现在的人

投射究竟是什么?它是情感的错位,是当我们看到存在于我们自身或我们过去生活中的某人身上的某种特质时,将其归因于自身之外的其他人或事。

投射会影响我们看到的东西。当我们的伴侣说了或做了什么让我们想起自己过往的事时，我们就被触发，并因此认为他们很危险。刹那间，亲爱的伴侣消失了，我们看到的只有曾经伤害过我们的人。如果在我们的成长过程中，父母曾用危险的方式表达他们的愤怒，那么当我们身边的人表达愤怒时，我们可能就会非常警惕。或者当我们看到一个长得像我们过去伴侣的人，我们立即不喜欢他们，抑或是被他们深深吸引。

我们无法信任他人，因为我们过去曾被人伤害过。我们在人际交往中所感受到的大部分混乱和心痛，都是以往经历中未经处理的痛苦。

前女友出轨了，我觉得现女友也会出轨

哈利的初恋女友在上高中时出轨了。尽管他现在的女朋友金安全可靠、值得信赖，但哈利只要看到她跟别的男人说话，就会嫉妒得发狂。金对此非常沮丧，因为她从未做过任何破坏两人关系的事情，而且这也将她带入了一种熟悉的感觉，这样的场景在她过去的生活中出现过，她曾因自己没做过的事情被误解和指责。哈利也意识到他正把高中时发生的事投射到金身上，这为他们打开了一扇探讨家庭往事的大门。

经过探讨交流，他们增进了彼此之间的了解，他们开始理解投射是怎么回事。这增强了他们在艰难时刻主动理性反应的能力。哈利学会了在需要的时候寻求安慰，而金也能够在哈利表现出担忧时设身处地为他着想，不再摆出防御姿态。

当我们还没有原谅过往的伤害并与其和平相处时，我们的伴侣可能无意中代表了那个伤害你的人——通常是照顾者，如我们的母亲或父亲，有时是兄弟姐妹或者老师。我们会不由自主地投射出一种观念，认为我们现在生活中的人是不值得信任的、不可靠的，或者是在情感上无法获得的，就像过去那些伤害过我们的人一样。

自我的目标是分离。自我对我们的生存至关重要，它使我们能够在功能上与现实接触。我们的自我意识直到我们年轻时开始发展，开始有时间和空间的意识，并形成自己的个性。然而，当我们受伤时，自我会超越其功能，扮演无情的捍卫者、保护者和竞争者。我们不想根除或摧毁自我，我们希望整合它，给它存在的空间，但不希望它在我们的生活和人际关系中占据主导位置。

我们过去经历伤害与不安全越多，就越会无意识地抗拒与人交往，我们会关闭自己的内心来抵御脆弱。当我们注意到自己想要自我保护时，我们的任务就是练习自我意识，并在做出反应之前停下来。分离出这种投射带来的影响。

儿子发脾气的样子，让她想起自己的母亲

靖子的小儿子发脾气的样子总让她想起自己的母亲。这对她产生了强烈的触动，她无法按自己设想的那样培养他、理解他。当孩子大发脾气时，她总会不由自主地疏远他，批评他，把他拒之门外。我们一起治疗期间，靖子围绕她的母

爱创伤做内心建设。一段时间过后，当她的儿子再发脾气时，她开始能够保持冷静，将他视为一个需要支持的小男孩，不再将母亲投射到他身上。在这段关系中，靖子重新扮演了她作为成年人的角色，即使她的儿子仍然有发脾气的时候，她也能够帮助抚慰他，不会再像以前那样做出反应。

当我们进入投射状态时，我们会把身边的人想象成我们正在演绎的故事情节中的"角色"。这个角色可能是学校里欺负其他同学的孩子、愤怒的母亲、缺席的父亲、挑剔的老师……在人际关系中，我们认为自己正在为某件事斗争，但实际上我们就像小时候一样，是在与更古老、更深层次的东西——被轻视、被忽视、被遗忘或不被尊重的感觉斗争。

只要我们不主动地寻求结束这个循环，我们就会一次又一次地重温这段经历，希望也许这一次结局会有所不同。但为了有一个不同的结局，我们必须活在当下，必须看清人们真实的样子，不要再因为过去的某人给我们造成的伤害而惩罚他们。

投射的具体行为：

- 认为你现在的伴侣会像你以前生活中的人（母亲、父亲或前任）那样行事。
- 害怕在一段关系中被控制，因为照顾者控制着过去。

127

- 因为触及了痛苦的过去经历，对一个人所做的事情有强烈或消极的反应。
- 不自觉地期望伴侣来拯救你或照顾你（将缺失的照顾者投射到伴侣身上）。
- 被朋友或伴侣的悲伤所引发，因为父母由于自身消沉而未能在情感上照顾自己。
- 不自觉地因为过去与另一个人发生的事情而惩罚现在的伴侣或朋友。
- 因某人让你想起过去伤害过你的人而被触动。
- 把别人当作基准，让自己比别人好或比别人差。

我知道他的心意是好的，但我还是气哭了

几年前，本杰明和我在圣诞节那天发生了一场大战。在我俩的关系中，我们有过很多次关于礼物的误解，每次都有故事可讲。现在我们回顾这一切时可以谈笑风生，但如你所知，在实际发生的那一刻，这些事情并不轻松。

就在某年圣诞节前几个月的一天，我坐在厨房的餐桌旁，对本杰明说："圣诞节我想要一台浓缩咖啡机！"我在网上找到了一台漂亮的布雷维尔（Breville）咖啡机，然后我给他看了图片。

本杰明回答："奈斯派索（Nespresso）咖啡机怎么样？"我说：

"千万别，我不喜欢那个牌子！"

几个月过去了，我真的没再去想过这事。然后，在圣诞节那天，当我们等待他父母到来时，我对本杰明说："我们现在就打开礼物吧。"我直觉感到不想有人在旁边看着我打开礼物。但他坚持要等着他们来再一起打开，我勉强同意了。

公公婆婆来了，我们共进了晚餐，然后打开了礼物。本杰明给我写了一张漂亮的圣诞卡，读到它时，我的心中充满了爱意。如果他只给了我一张卡，我也会百分之百满足的。可接着，他又把一个大大的盒子放在桌上。

我撕下包装纸——你一定猜到了，是个该死的奈斯派索的盒子！"他一定是在恶作剧，"我暗暗地想，"他不可能真的给我送了一台我告诉他我不想要的东西。"但是当他睁大眼睛看着我，脸上挂着灿烂的笑容时，我意识到，盒子里确实有一台奈斯派索咖啡机，我有点灰心丧气，却还努力在大家面前装出了惊讶的样子。

就在我以为晚上的送礼活动已经结束的时候，他又站了起来，我向身后看去，只见地板上有一条大毯子，盖着更多的礼物。他扯掉了毯子，你知道下面是什么吗？一盒又一盒的奈斯派索胶囊……几十盒，我告诉你！我不知道那一刻该说什么，就走出了房间，本杰明和他爸爸去把机器组装了起来。

那天晚上我们出去散步时，我把这事说了出来。我很沮丧，

129

对这份礼物非常生气,甚至哭了起来。虽然我知道他的心意是好的,但在那一刻,我被自己内心的往事分散了注意力。

我向大家诉说这些,是因为它从来都与奈斯派索咖啡机无关。就像我说的,他可以只给我一张卡片,我也会很开心!这不是礼物的问题,而是那种熟悉的、心痛的感觉,那种被人无视、说什么都没人听的感觉。

把我特地告诉他我不想要的东西送给我,让我觉得被无视,触动了我内心脆弱的小孩。我小时候在一个又一个寄养家庭间流连,被老师贴上"坏孩子"的标签;不被允许和某些朋友一起玩,因为他们的父母认为我会给他们带来负面影响,这些都在我心里打上了烙印。即使是现在,即使已经做了很多疗愈工作,我仍然对被误解、被无视、说什么都没人理会的感觉很敏感。

如果我没有过往这些历史,我可能会嘲笑他说:"谢谢,宝贝!"并告诉他我真的不喜欢这份礼物。但是,它触及了我内心很陈旧的东西,那东西显然还活着。它带来了如此多的情绪,以至于使我忘记了现实,并相信我们的关系存在严重的问题,而事实上,本杰明爱我。有时他也会像其他人一样忘记事情,但这并不表示他对我不关心,也不代表他不愿意在爱中继续成长。

因为我的投射让我认为我最亲近的人无视我,奈斯派索咖啡机可以作为证据,这与我过往的经历相吻合。"你从来不听"和"你一直"

在那场争吵中被说了好几次。这并不是说我不应该生本杰明的气,而是当我们在投射时,伴随冲突而来的情绪负荷往往会被夸大,造成更多的脱节,并妨碍我们说出真实感受。如果想温和、理智地化解冲突,我们必须看清楚自己的往事和我们所爱的人的往事,这样才能以理解的心态来联系彼此。

情绪过强时,通过换位思考来更平和地回应问题

处于投射状态时,我们的神经系统会被激活,我们的自我会加强控制。我们可能会变得更加抗拒、固执、无能、胆怯、焦虑,甚至刻薄。不管一个人做了什么或说了什么,如果我们是透过过去的镜头看问题,那就不会有什么不同。

疗愈投射的第一步,是提高投射出现时与不适感相处的能力。大多数情况下,投射在其出现那一刻是很难被捕捉到的,因为触发的感觉非常真实,以至于我们可以证明自己的反应是正确的。当情绪的强度过大时,我们会试图摆脱它,把它当成是别人的问题。通过换位思考来认清它们,短暂的停顿可以让我们恢复自我意识。

当我们停止投射并夺回自我的控制权时,我们就可以告诉身体和大脑,自己是安全的。今天站在你面前的人不是你的母亲、父亲、老师或照顾者。他们可能反映出与你过去生活中的某人相似的行为或品质,但他们是完全不同的人,他们有自己的历史、创伤和故事。

我们越能看到别人的本质,就越能明智地选择朋友和伴侣。

有一次,当我和本杰明发生冲突时,我说了一堆他没有按照我的意愿对待我的事,突然间我僵住了,意识到我对他说的每一句话其实都是在对我母亲说。当时,我的自尊心阻碍了我向他道歉,但几个小时后,我不得不为自己对他不公平的态度向他认错。有时候,这就是我们所能做的最大的让步。但重要的是,我们要不断地去努力发掘情感背后的真相。

疗愈你的情感处理模式,并不意味着你再也不会遇到类似的情况,你仍可能会故伎重施,因为旧模式很难消失,但它意味着你能更平和地回应眼前的问题,而不是让你旧时的创伤在此刻发作。

如何判断我们在投射:

◆ 我们在反应中感到失控。

◆ 我们的愤怒似乎与这种情况无关。

◆ 我们变得不愿意考虑其他现实。

◆ 我们确信自己知道对方的意图。

◆ 我们认为自己确切地知道事情将如何发展。

你在某件事上表现出来的情绪越强烈,就越说明你在意的并不像事情表面上看起来那么简单。你应该有自己的感觉,你的情绪也很重要,但更重要的是不要只专注你的第一反应。把所有的责任都推给别人很容易，但最终只会导致更多的失望，因为大多数人真正想要的是被别人看到和重视。

在我们的投射和防御之下总是有一个弱点存在。你的任务是开始与你的弱点交朋友，并每天照顾它，特别是在高度紧张的时刻。照顾自己的弱点看起来就像是对自己说关于爱的话，或者能好好地、痛快地哭一场。

下一次你发现自己被激怒，处于防御状态时，努力让自己停下来休息一下。退后一步，在情绪紧张时提高自我意识，引导自己完成这个以自我为中心的练习，才能找到问题的核心。

暂停并反思强烈的情绪和防御性根源之后，可能会意识到：现在，我在责备和攻击他人，在指责和攻击背后是深深的悲伤和愤怒。我现在真正需要的是知道我是被爱着的，我的伴侣不会去任何地方。我害怕被抛弃。这种情况让我想起了我小时候，每当我表达激烈情绪时都会被忽视。越能深入感受情绪之下的东西，你就越接近问题的核心。

如果你把投射看得太简单，你就可能在人际关系中看任何东西都是无效的，因为它只是一种投射。当然你也可以生活在投射产生的、不健康的生活状态中。下一章节，我们将探讨危险信号和假警报之间的区别，以帮助你确定何时应该设定边界，何时可以继续向前。

注意自己身体的感觉,放松下来

1. 做几个深呼吸。把手放在胸口和腹部。
2. 连接到你的身体,告诉自己此刻的情绪和感觉是什么。
3. 现在调整一下,问问自己:

- 我感觉如何?
- 这给我带来了什么?
- 这个人让我想起了谁或什么事?
- 我现在想把什么感觉推开?
- 我真正想要,但却不敢要求或不相信我能拥有的是什么?
- 我不敢说什么?我害怕什么感觉?

4. 注意你身体的感觉,如刺痛、紧绷、热、收缩或颤动。
5. 当你注意到这些感觉时,只需呼吸并与它们共处一会儿。
6. 注意你身体里能感觉到平静、放松和开放的地方。
7. 到一个平静、放松和开放的地方呼吸,并与这种体验融为一体。

- 投射是指当你经历过去曾受过的伤害或背叛时,就好像它发生在当下一样。
- 当你陷入投射时,你可能会对某人产生强烈的情绪反应,很难从他们的角度看待事物,很难以健康的方式处理冲突。
- 情绪激动时,不是深入探究事情真相的时候。专注于自我安慰和处理你的情绪,然后再回到这个问题上来。
- 意识到你的投射是打破人际关系中不健康循环的关键步骤之一。
- 我们都在投射,这没有什么可羞耻的。但是当它们出现时,我们如何处理这些投射,会随着更多的疗愈而改变。

- ……………………………………………………………………
  ……………………………………………………………………
- ……………………………………………………………………
  ……………………………………………………………………
- ……………………………………………………………………
  ……………………………………………………………………

# 第 9 章

改变关系模式需要有自我意识

人们经常期望能完全彻底地消除一些东西，比如消除一种旧的存在方式、一种行为或者一种信仰。我们希望打破固有的模式，最好永远摆脱它们。我们觉得如果能不再和"无法获得"的人约会、能不再对别人那么挑剔、能不再这么饥渴，我们就会感到被爱，感到圆满。但我们并不是通过根除模式来改变模式的，事实上，当我们试图根除它们时，反倒给了它们更多的能量。

一切都是能量。我们可以强化，也可以弱化我们的关系模式，这取决于我们选择如何引导自己的能量。如果真的想改变一种模式，我们必须学会有意识地输送我们的能量。让我们的情绪和运行模式处在同一个能量的频率上。

凡事都有两面性：爱与恨，光明与黑暗，积极与消极，内在与外在。虽然它们的影响大不相同，但它们是一体的。这就是我们要在本章讨论的内容。你将学会如何将生活中的每一种情绪和反应视为能量，增强将能量正确引导到行为、反应和选择上的意识，从而提升你的生活品质，并带来更多的和谐。

关系模式的 3 种类型：海、山、风

我们和不同的人在一起，也会发现自己处于同样的境地，有着类似的、周而复始的冲突、失望和挑战。无论我们尝试多少次，都无法超越自己固有的关系模式。这些关系模式是我们恋爱关系成长的桎梏，也是我们一生都要做的工作。

转换关系模式，设定健康边界

肯妮亚似乎总是吸引那些并不适合她的、"粗线条"类型的男士。在一次聚会中，她给我分享了她在经历几个月筋疲力尽、没完没了的相亲后，遇见雅克时的兴奋情形。他们美好的未来开始浮现在她眼前，雅克带着爱、深情和礼物来到她身边。他们共赴浪漫的约会，生活好得无与伦比！

但后来，雅克突然间开始疏远她。好几天，肯妮亚都没有他的消息。她崩溃了，内心充满焦虑，不停地追问自己做错了什么。几周后，他又回来找她，找出各种借口，告诉她自己有多么想念她。

她回到了他身边，心里琢磨着：如果我能解决他所有的困难，他就不会再离开了。于是，她为他做饭，借钱给他，全心全意地爱他，当他打来电话时就为他放下一切。她从不表达自己的意见，也从不拒绝他的要求，希望这次他能留下来。就这样来来回回几个月后，雅克最终完全不再和她联系了。不幸的是，这样的事肯妮亚并不是第一次经历。直到她意识到她一直处于一种自我抛弃式的恋爱关系中，她才开始尝试转移自己的能量。

当她注意到自己体内的焦虑时，她没有像以前那样通过放弃自己来应对焦虑，而是将能量重新投入到自我照顾上。她会为自己做饭、外出散步，或者处理一些生活琐事，以增加她的安全感和内心的平静。

她开始努力克服困难，让自己学会拒绝；在选择约会对象方面，也变得更加谨慎了。通过转变，肯妮亚打破了之前的恶性循环，找到了适合的伴侣。现在她可以按自己的愿望设定边界、处理一切。

一旦你意识到某种模式，例如，"我对爱关闭心门""我害怕与所爱的人在一起""我与另一个人在一起时迷失了自我"，或者不管它是什么，就意味着模式的进化开始了。意识到自己的习惯会让你有机会选择从哪个渠道发展关系。

常见的几种不良关系模式：

- 陷入焦虑回避状态难以自拔。

- 一旦发生冲突，立刻选择逃避。

- 生活平静时总是制造冲突和混乱。

- 经常被抛弃。

- 反复出轨或被出轨。

- 追逐无法得到的或感情上不安全的人。

- 在恋爱关系中失去自我。

- 无论是危险的伴侣还是平淡的伴侣，从未有过激情和情感上的亲密关系。

- 害怕深度亲密关系（眼神交流、亲密接触）。

- 隐藏自己的真实想法。

- 我会成为你想要我成为的任何人。

当我们开始疗愈自己的关系模式时，真正要做的是"忘却"我们保护自己心灵的方式。从某种意义上说，保持我们现在所处的模式，即便是痛苦的，也比放下我们的局限，置身于不确定性中更为安全。忘却并不容易，会令人迷失方向，而且经常令人失望。但疗愈让我们认识到，即使我们犯了错误，也有资格体验健康的爱。

内心安全的标志是能够维持长期的关系，在需要时获得支持，信任他人，并享有高度的自尊。不论在什么关系中，练习安全感最好的方法之一就是建立友谊，友谊可以让我们把脆弱的自我摆上桌面、保持好奇心和开放性并练习设定边界。此外，每个人都有一个独特的关系特征，它伴随我们一生。它是由我们最初的依恋塑造的，是我们在浪漫层面上与他人相处的模板，也是我们接近某人时的行为倾向。

当我们坚持认为问题完全在于我们的伴侣或关系本身，而无法认识到我们才是所有问题的焦点时，就会陷入旧的模式。我们要深入自我内心，问自己一些深刻的问题。排在首位的也是最重要的问题是，这种模式试图教给我什么？

如果我们足够留心和专注，就会看到这种模式揭示了我们想要被看见和治愈的问题。这些是我们无意识的恐惧和最深的创伤被激活后的反应。

有时，我们的关系模式向我们表明，我们需要更多地表达自己的需求，并设定更严格的边界；有时，它展示了我们应该相互依赖或取悦的倾向；或者，是我们对亲密关系的恐惧、对被伤害和遗弃的恐惧、对分手后生活的恐惧。

了解你的关系特征将帮助你解码你的依恋模式。关系特征有海、山和风三种主要的原型，但它不是一个可以对号入座的盒子，也不是一种可以归属的身份。我们不断变化着，依附程度也非常微妙。你可能会在所有原型中看到自己的方方面面，这很正常。但你会发现你与其中一个原型的关联度比其他的更高。

通读特征描述，看看哪一个最能引起你的共鸣。

✦ 海型 ✦

赋能表达：关怀、养育、表达、专注、直观、敏感、博爱、善于思考,梦想家。

最大的挑战：海型的人可能会发现自己在人际关系中感到焦虑和缺乏基础,或者痴迷于获得保证,并需要持续不断的保证。你可能倾向于自我抛弃,为了伴侣而抛弃朋友或个人兴趣。为了寻求一种控制感,你会对与你有关系的人过于挑剔,并对他人抱有过高的期望。

练习：学习如何在一段关系中保持真实的自己,充分展示自己,即使在冲突中也要提出你想要的。你的练习也是为了学会如何自我安慰,这样你就不会在冲突出现或约会时感到绝望、焦虑或害怕。

✦ 山型 ✦

赋能表达：稳定、真诚、值得信赖、忠诚、信守承诺、可靠、关怀、智慧、有耐心,在恋爱期间也能保持友谊和爱好。

最大的挑战：山型的人有过度付出的倾向,习惯成为照顾者,成为"强者",把别人的问题置于自己的问题之上。你会吸引回避型或需求型的伴侣,经常感到孤独,很少有人了解你的深度。你也会在人际关系中扮演老师或教练的角色,

时间一长会发现自己被不断消耗。

练习：走出照顾者的角色，学会偶尔寻求支持。给他人一个自己解决问题的机会，记住，拯救或修复任何人都不是你能决定的。要知道什么时候该结束这段关系，什么时候该向前一步开始工作。请记住，拯救或修复需要双方都有意愿，你不可能靠一己之力拯救所有人。

风型

赋能表达：自给自足，喜欢按照自己的方式生活，以自由为导向，在独处的时间里懂得自得其乐，找到了孤独的活力，足智多谋，善于解决问题，天生有领导能力。

最大的挑战：有时可能会表现得不屑一顾，或者在不知不觉中对他人产生影响。你往往是不可预测的和强烈的，难以表现出情感或脆弱，避免更深层次的亲密状态，或者会被"黏人"行为吓跑。你也可能经历极度孤独状态，觉得人们不了解你或者不能与你双向奔赴。

练习：学习如何在与别人的关系中仍然保持自由的感觉。与其避免冲突，还不如请"风型"的人学习如何长时间感受不舒服的感觉，以便与朋友或恋人重新和谐相处。你的练习是分享你的感受，学习如何充分表达自己，而不是退缩或隐藏。

承认错误的观念能唤醒我们的自我意识

如果自我意识、安全感和奉献精神是良好关系的燃料，那么错误的信念就是消极关系的燃料。社会中充斥着关于人际关系的错误观念，以至于我们可能都没有意识到已经接受了这些观念，并将它们嵌入到自己看待感情的思维框架中。

相信冲突是不正常的、正确的关系会让问题消失、伴侣会把我们从过去中拯救出来、婚姻和承诺意味着乏味的生活、必须在信任别人之前让他们经历痛苦……这些都是经典的错误观念。我们不必接受这些陈旧的、过时的说法，它们体现的是一种脱节和戏剧化的恋爱关系文化。只要有想法、有意愿，我们就可以共同创造充满激情、值得信赖、精神上活跃的伴侣关系。

不正常的关系模式基于我们内在的恐惧和有限的信念。下面是一些可能埋在我们心里的恐惧，这些恐惧使我们长久处于关系的挣扎中。想想你自己的婚恋观，想想你在人际关系中是如何看待自己的。在你的人际关系中，是否持续、重复出现这些观念？

- ◆ 我还不够好。
- ◆ 我太过分了。
- ◆ 大家都离我而去。
- ◆ 我的性格不可爱。

- ◆ 我需要被拯救。
- ◆ 我不配得到幸福。
- ◆ 我必须努力工作来赢得爱情。
- ◆ 我必须成为人际关系中的拯救者。
- ◆ 我会一直崩溃。
- ◆ 我不能让任何人靠得太近。
- ◆ 没有人理解我。

承认我们的观念是错误的，能给我们带来自我意识，从而彻底改变我们与他人的关系。告诉自己，我们是完整而有价值的，我们已为生活做好了准备！

无意识的契约：父母掌控局面和维系家庭的惯有方式

弗吉尼亚·萨蒂尔（Virginia Satir）是一位很有影响力的心理治疗师，她为家庭治疗领域做出了巨大的贡献。在20世纪50年代，她的工作不被重视，属于非主流行业。她发现所有的家庭都有各自的家庭文化，家人会不由自主地遵守一些习惯或约定，这逐渐形成了无意识的契约。无意识的契约通常是父母掌控局面和维系家庭的惯有方式，即使这些习惯或约定已经功能失调、妨碍沟通甚至限制到家庭的其他成员。

在人际关系中，我们都有这种隐而未现的习惯或行为。我们越是审视自己的价值观和父母的制约，就越有能力把自己从无用的"规则"中解脱出来。

为了达到父母的要求和标准，她差点毁了自己的生活

索妮娅是位勤劳的母亲，有两个孩子。父母在她出生之前就从中国移民到了美国，她总觉得自己是脚踏两个世界、吸纳两种文化的人。在她家的观念里，人人都必须不知疲倦地工作或学习，才能在一个新的国家生存下来。休息是不可以的，"你必须努力工作，拿到你能拿到的"是她父母的口头禅。索妮娅从早干到晚，把日程表上的每一个空白都填上。她想多陪陪儿子们，但她的时间表排得满满的，她开始觉得自己错过了和他们在一起的最美好的时光。

随着年龄增长，她开始意识到自己不能停止干活，因为她不知道如何放松。事实上，她不确定自己是否在生活中真正休息过。在试图改变这种模式的过程中，索妮娅意识到，她一直在拼命地工作，因为要符合父母的要求和标准，保持家庭的无意识契约。但讽刺的是，现在她的父母却常常建议她要多休息！

她开始慢慢地在日程中安排一些时间来练习什么都不做。她简直不敢相信，这些年来，她给自己施加了多大的压力。索

145

妮娅通过打破旧习惯，接受自己重新培养的新习惯，并从中找到了自由，可以花更多的时间与孩子们一起玩耍和放松了。

我们之所以同意将无意识的契约摆在首位，是为了让自己能在家族中感受到安全感和归属感。跨出我们被分配的角色会感到危险，这利用了我们对被排斥的恐惧。所有人都有强烈的归属感需求，即使这意味着我们要在这个过程中放弃自我，大多数人还是会配合。抛开这些旧契约，我们才有机会思考，把什么样的习惯和仪式传给我们的下一代，无论我们是否选择成为父母，都应该理智地思考一下。

常见的无意识契约和错误观念：

- 不要向别人展示你的弱点（情绪等于软弱）。
- 愤怒是不可接受的 / 危险的（不允许你生气）。
- 不要说出或分享你的意见（不要占用空间）。
- 应该不断努力、提高、工作（休息是不应该的）。
- 钱是坏的，富足是不好的（金钱使你自私）。
- 保持家庭事务的私密性（脆弱或寻求帮助是不被允许的）。
- 设定边界是自私的（我们陷入了困境）。
- 我必须维持家庭和睦，不管付出多少代价(我对每个人负责)。
- 我的父母需要我提供情感支持（我的工作是成为照顾者 / 我不能接受支持）。

如果我们太忙于赢得他人的认可和爱，我们就没有时间放慢脚步，去探索和关注自己不值得或不可爱的部分。如果你把花在追逐、竞争和竭尽全力达成某事上的所有精力都转向自我反思，那会怎么样？有时候，我们追逐得不到的爱，就是为了逃避可以得到的爱。与情感上无法获得的人在一起，是因为在某种程度上，我们害怕被完全彻底地看清。

为了打破这种模式，我们必须看到自己根深蒂固的恐惧和过去的创伤是如何留存下来的。如果你发现自己想要获得一段关系或正在追求一位伴侣，请深入思考：你究竟想获得什么感觉？是爱情吗？是接纳吗？是安全吗？是验证吗？请对自己诚实一点，没什么好羞愧的。要知道，无论你在追求谁，他都不是能给你这些感觉的人。

你要隐藏哪些部分？就与那些部分交流。你最深切的欲望是什么？大声说出来。你想感受什么？培养这些自我验证的行为。你的工作是练习自我验证，忠于自己，与你的身体和你的核心价值观相连。

揭示自己的关系模式，设定健康边界，更深入地了解自己

对于在混乱环境中长大的人来说，通过情感的培养和关怀来得到爱，理论上是不可能的，我们主要是被追逐所吸引。当周围的环境发生动荡或出现戏剧性事件时，我们总会感到兴奋，这不是因为我们

想要搞砸什么，或者想让自己遭遇最坏的情况——因为这是我们唯一知道的、得到感情的途径。

我个人非常了解这种模式。年轻的时候，我总是喜欢刺激，沉迷于感情的蜜月阶段，沉迷于新的和努力得到的浪漫之后出现的化学反应。我总是向他人寻求快乐，当我的恋情开始平静下来时，我总是很不快乐。因为我没有健康爱情的底线，而且我不明白恋爱不会总是充满变化和激烈的高潮、低谷，我单纯地觉得当情感的强度逐渐减弱时就是出了问题。

作为一个孩子，我经历了一个又一个寄养家庭，上了七年学，我进过八所学校！混乱就是我的生活常态，我的神经系统习惯了不断的动荡和变化。直到深入自己的疗愈工程，我才开始注意到这一切。每当我开始感到不安时，我就会抛弃现有的恋爱关系。这段关系越是按部就班、越是稳定，我就越觉得它缺乏激情、乏味无趣。所以，我更愿意把自己的生命烧成灰烬，然后重新开始。

当我发现这一点时，我开始尝试学习如何处理这种模式，不是通过颠覆自己的生活，而是通过培养我与冒险和创造力的关系。我开始感觉到能量引起的内心激荡时，我会大声对自己说出来，提醒我的身体，我应该有一个平静和安全的生活状态。然后，我会找到一种方法，以健康的方式给我的内在小孩她渴望的东西。我会计划一次露营之旅、重新装修家里的一个房间、启动一个项目。我找到了将这种能量引导到富有创造性的方向上去的方法，这些方法帮助我疗愈了我的生活。

历来，那些最具破坏力的人物同时也是最具创造力的人，看看电影中大多数的反派，他们往往非常聪明、非常强大。问题是，他们把精力耗费在复仇和破坏中，如果这些角色选择以不同的方式引导他们的能量，他们本可以把世界变得更好。我们所有人都有这种能力，所以要选择自己的引导方法。我们通过改变与模式相伴而生的行为来重写故事，学习如何优雅地回应我们的恐惧、焦虑和关系冲突，不再基于创伤做出反应。

现在，我们将一步一步地通过练习来帮助你揭示你自己关系模式的主题。这个练习将帮助你发展自我意识，并引起你对如何设定健康的边界、与真实情况保持一致这两方面的关注。

如果你发现自己在这个练习中陷入了自我判断，请把自己转向自我同情。发现自己的惯有模式时，看看是否能理解它，甚至带着幽默对它进行观察。如果有朋友和你一起看这本书，可以让你的伙伴和你一起思考，问你更多的问题，帮助你更深入地了解自己。

4步自我询问，揭示自己的关系模式

第1步：探索你早期的接触关系，包括性和爱

在这里你将回答有关你父母关系的问题。探索这种关系会让你深入了解你是如何看待和体验其他关系的。

要问自己的问题:

- 你父母的关系是怎样的?他们想一直在一起吗?想离婚吗?
- 他们相处得怎么样?有没有争吵?彼此间处于消极反抗状态吗?他们之间的关系是交流、窒息、嫉妒、欺骗、诚实、还是保密?
- 你父亲在你母亲身边的表现如何?
- 你母亲在你父亲身边的表现如何?
- 你有没有见过你的父母互相爱抚,或者说情话?
- 你对婚姻的最初想法或信念是什么?或者,你觉得一段关系应该是什么样的?
- 你对性的最初想法或信念是什么?
- 你的父母和你谈过性吗?他们和你说了什么?
- 你的父母有没有和你谈过爱、联系和人际关系?他们告诉了你什么?
- 在你成长的过程中,你对男孩或男人有什么感觉?你是感到安全、不安全、害怕、兴奋、不舒服、自在?或者和女性在一起你会感到更安全吗?
- 在你成长的过程中,你对女孩或女人有什么感觉?

你是感到安全，不安全，害怕，兴奋，不舒服，自在？或者和男性在一起你会感到更安全吗？

第 2 步：探索你的关系历史

从你第一段重要的恋爱关系开始，一直到你的最后一段恋爱关系，或者你现在所处的关系。

要问自己的问题：

- 这段关系是如何开始的？
- 这段关系持续了多长时间？
- 在这段关系中，你通常的感受是什么？
- 你们经常因为什么争吵？
- 你的伴侣是什么类型的？他们是可爱的、回避的、焦虑的、侵略性的、嫉妒的，还是专注的？
- 这段关系是如何结束的？

第 3 步：揭示你个人的关系模式

现在，看看你回答的所有内容，看看你是否能找到什么线索。你可能会注意到外貌、职业或个性等方面的相似之处，也许你并没有找到任何相似之处。你将发现自己在情感主题方面的一些信息——每段关系的共同情感体验。

要问自己的问题：

- 你是否曾在两种类型的伴侣之间来回奔波，例如安全而无聊型和危险而性感型？
- 你是否在每一段关系中都经历过某种形式的背叛，比如撒谎或出轨？
- 你是否经常感到被无视、被充耳不闻、懊恼沮丧、被忽视，或者其他一些情感体验？
- 你主要吸引回避型或焦虑型的伴侣吗？
- 你是否更被那些在情感上无法获得或者已经有伴的人所吸引？

第 4 步：利用你的能量

你的练习不是在模式出现时拒绝它，而是更巧妙地对待它。生活喜欢考验我们，我们有无穷无尽的机会来练习转移我们的能量——当我们开车被人别车时、当亲近的人让我们失望时、当我们状态不佳时。每时每刻，我们都要选择我们的回应。当你意识到能量对你的影响时，你就会成为一个修行者，有意识地利用你的能量，并将其引向真实和真相。

- 一切都是能量。当你学会将你的能量运用到更有利的方向时,你的模式就会改变。
- 你不需要修复或摆脱你的关系模式。
- 整合模式意味着你接受它们,并且可以成熟地做出反应,而不是让你受伤的内在小孩主持局面。
- 关系模式反映了你第一个家庭的行为习惯、信仰体系和无意识的契约。
- 完善关系模式是我们这辈子都要承担的工作。关系模式可能永远不会消失,但是随着你的疗愈和整合,它们的表现方式会发生改变并趋于完善。
- 当你成为最有能力的自我,你的人际关系就会体现出成熟的一面,那些曾经撼动过你的模式,现在将为你的脆弱和联系提供美好的机会。

- ....
  ....
- ....

第 *10* 章

思考自己的感受，获得更多的自我意识

很多孩子都是在被惩罚和被羞辱的不正常模式下长大的。每当我们不合时宜地表达自己的情绪（发火、哭闹等）、拒绝吃光盘子里的食物、与兄弟姐妹争吵或者因为不满而行为不当时，就可能被羞辱，被关进房间，并因"坏"而受到谴责，有些人还会被打屁股、打手板。

依恋理论告诉我们，使用这些控制策略来教训孩子，会极大地损害他们的自尊心，甚至会放大行为问题。敏感的孩子在发泄情绪时会表现得咄咄逼人，他们受到的惩罚越多、越是被指责为坏孩子、越把他们与别人分开，他们的行为就会越出格。

为什么我们会忽略自己内心发出的信号

惩罚和羞辱并不能教会我们如何成为更好的人。它们告诉我们，我们的某些行为是不正常的，我们学会了内化情感和态度，开始叛逆、自我排斥或者戴上面具来适应惩罚和羞辱。这些经历告诉我们：不能信任我们的照顾者。这种联系的纽带已经断裂，迫使我们向外部世界寻求认可。现在仍有许多成年人通过自我伤害来延续这些模式，比如拒绝接受失败、忽视自己的身体、忽视对休息和同情的需求，或者将我们的不信任和对控制的恐惧投射到他人身上。

改变不是通过批评、评判和自责实现，而是通过关心、鼓励和赞美来实现的。如果我们童年时期经历过家庭的破碎等磨难，我们就很难被疗愈，因为我们的思维模式里会有"我们理应遭受痛苦"的观念。自我接纳的关键是用富有同情心的自我意识来对待自己的模式，这样我们才能成长，才能对自己的生活负责，并开始遵循内心的想法去生活，这不仅是为了我们自己，也是为了我们的家人和身边的其他人。

回想一下，你是否已经习惯了沉默不语、收敛锋芒、取悦别人。可能有人告诉你，说你太敏感、太吵闹或者太害羞，你甚至已经把这些来自外界的标签当成了自己的真实身份。总有一天，我们必须真诚地关注我们内心的对话，摆脱所有的噪声，向世界展现出我们的天赋。

现在，你的任务是改善条件反射，获取对自己的生活和对这个世界的掌控权。当你踏上这条发掘自我认知的道路时，请带上以下三个工具：自我同情、自我接纳、自我宽恕。

自我同情

善良和充满爱心的内部对话是自我同情的基础。当我们处于自我拒绝状态时，我们会居高临下地对自己说话，并为自己设置一个不可能达成的完美标准。自我同情看起来像是给自己一段休息时间，同时也是将我们的想法从消极的自我评判重新定义为可爱和可接受的过程。

自我接纳

我们对自己的行善作恶是有感知的。自我接纳既不意味着放纵自己作恶，也不意味着摆烂投降，而是要全然地接纳自己。在接受疗愈的过程中要诚实地面对自己最卑劣的一面。只有这样，我们才能步入真实的自我，放下我们的防御。

自我宽恕

请注意你在自己的处事模式中拥有掌控权时身体的感觉。如果你感到烦躁、紧张、羞耻、激动或其他不舒服的感觉，可以放慢脚步，缓慢悠长地呼吸，对自己深情地说："你很安全，你没事，我原谅你。"并把这句话作为安抚自我的口头禅，反复使用。

我清楚这个人不安全，但我还是搬去和他同居了

19岁那年的一天，我坐在新男友家的沙发上。为了方便叙述这个故事，我们姑且就叫他肖恩吧。他刚刚用一种咄咄逼人的语气和我说话，他的声音刺耳，言语刻薄。我转过头，望向窗外他公寓外面的停车场，内心的声音响亮而清晰："这个人不安全，他会虐待别人。"但我并没有起身离开，也没有和肖恩分手，而是搬去和他同居，并持续了大约一年的时间。他确实开始虐待我，事实上，他非常不安全。

究竟是什么驱使我们忽略自己内心发出的信号呢？也许你会为自己所受的伤害找理由，或者花很多时间去帮助别人看到光明，但实际上，你正把自己置于危险之中。

在那段关系结束后的几年里，我都因为没有相信自己的直觉而对自己非常苛刻。自我评判和后悔使我陷入了无尽的羞耻之中。直到我开始对自己表示同情，并逐渐原谅自己因直觉而造成的冲动后果时，我才开始转变。

大多数人都忽略了自己的直觉，或者某些事情不对劲的迹象，而治疗过程中最困难的部分之一就是对自己表达同情。我们自认为知道在受到威胁或面临冲突时应该如何反应、如何采取措施，但事实是直到我们身处那种境地，我们才真正知道自己会如何做——可能会拒绝

接受现实、麻木、丧失意志、反击、执着,或者在某些情况下逃跑,但很多时候,当生存受到威胁时,我们会以自己从未想到过的方式做出反应,而且真实的反应会让我们自己都大吃一惊。

我们完全无视这些迹象,并不表示我们的直觉已经崩溃,或者再也不能相信自己了。也许这是另一个人在不知不觉中让你感觉和童年时的某个人相似,但又"确实不同",你希望这一次能让自己的需求得到满足。

关注自己的内心,直面自己无意识延续的处事模式

我和肖恩的关系充满了愤怒、不安和混乱。我所有未曾表现出的防御行为都浮出了水面,当然,我自己无法控制的愤怒和不成熟的情绪反应也导致了当时的状态。我们的关系不是相互救赎,而是在双方原有的创伤上继续互相伤害。在疗愈的过程中,我们必须学习转向关注自己的内心,直面自己正在无意识延续某种处事模式或状态的情况。

我在负责询问工作时,从受访者那里感受到他们的一个主要担忧是自责,他们会觉得关系的恶化或有人伤害他们,都是他们的错。我不希望看到这样。

了解自己的处事模式不是要你"责怪自己"。它意味着,我们已经准备好醒悟过来,掌控自己的生活,不要再认为自己是无助的。我

们愿意停下来，看看事情的背后究竟隐藏着哪些应该被剔除的旧问题；我们愿意对我们的思想、判断、愤怒，以及我们指责、投射、批评或抱怨等一系列行为和问题负责，不再想着改变它们。

真正的询问工作必须与自我同情相结合才能有效。当我们从接纳的角度了解自己的角色时，才能打开通往更深层次自我意识的大门。疗愈并不意味着抹掉你的过去，让你变成一个完全不同的人，而是需要你承认那些一直默默主宰你生活的事情，并努力在下一次做得更好。

"事情不会改变，除非我们改变"

很多人都拒绝做自我探究的询问工作，因为它是如此让人无法回避，并且经常带来螺旋式上升的羞耻和自我否定。但是，我们可以从自爱开始，对自己在处事模式中所扮演的角色负责，就好像我们是充满爱心的父母，养育着天真的孩子，并见证这个养育的过程。

虽然了解自己的思想、情感和行为可能会刺痛自己，但回报却是你重掌生活主权。否则在短时间内，你可能会因幸福无知而感觉舒适，却也会陷入"如果我们能找到合适的人，事情就会改变""事情不会改变，除非我们改变"的恶性循环中。意识到我们在关系模式中的位置，我们才有能力去改变它。

每个人的内心深处都有一些自己想要否认或掩盖的部分，因为我们觉得这些部分既不可爱又不吸引人，或者威胁到我们的生存。我们

的情感程序是这些问题的一种表现方式。我们从周围的世界中获取线索，判断什么是可接受的，什么是不可接受的。我们遵守这些标准，与自己个性中的某些方面保持距离。因此，我们倾向于把自己最不常接触的部分放到思想的最底层。

当我们完全失控时，它们就会从内心深处冲出来，严重破坏我们的关系。它们意外地出现时，我们会感到尴尬，会陷入相反的行为模式，我们对自己受到的伤害做出强烈且不成熟的情绪反应，猛烈抨击他人或周遭的世界，这些行为与我们内心产生的情绪完全不相符。

通过询问工作和自我意识，我们可以看到内在的东西，情感方面变得更加理智和现实，使我们以更和谐的方式来驾驭周围的世界。这也让我们在承受压力的同时看到自己内心对完美的追求，并以更多的同情心克制自己的情绪。一步一个脚印，我们会逐渐表现出更放松的生活状态，与自己和平相处。

不做消耗模式的完美主义者

太害怕做错事了，不愿表现，不敢冒险

几年前，我认识了一位叫米娜的女士。米娜有着强烈的完美主义倾向，她太害怕做错事而不敢承担风险，也不敢表现自己。方框眼镜和头顶一丝不乱的发髻是她的标志性造型，

这反映了她保持事物整洁有序的内在需求。但是，米娜总是焦虑不安。

米娜作为一个团队的成员，我们希望看到她的能力不受束缚，我们建议她先通过把头发放下来，来慢慢地解放自我。自然，这对她来说就是个挑战，但慢慢地，我们看到米娜变了，她先是把头发放了下来，然后整个人变得越来越放松。她的焦虑减轻了，她开始在人群中更多地发出自己的声音。现在，米娜是我们这个女性圈子的领导，带领大家共同促进妇女圈子发展。

完美主义不同于雄心勃勃与"功高盖世"。完美主义是一种永无止境的疲惫追求，因为我们坚信自己所做的一切都不够好，我们不断被失败的恐惧所淹没。恐惧说："如果你失败了，你就不值得被爱。"这种将自己的需求和渴望抛诸脑后，优先考虑他人的认可、赞美或肯定的消耗模式是一种自我放弃的形式。完美主义也可以在我们的人际关系中向外投射，导致我们高度挑剔，并给我们重要的另一半施加很大的压力，让他们达到一个不可能达到的标准。

将自己从完美主义中解放出来对于过上充满欢乐和创造力的生活至关重要，这需要我们敢于承担风险，并对生活中可能发生的事情持开放态度。如果我们把自己和他人限制在僵化的、无法达到的标准中，我们就无法走进通往未知的大门。

完美主义的迹象：

- 对自己和他人过于挑剔。
- 通过制造问题来抵御爱和亲密关系。
- 努力庆祝自己的成就或胜利，因为你认为它们不够好。
- 感觉自己永远不会达到标准。
- 将自己与他人比较，并与他人竞争。
- 感受到持续的压力，总想做得更多、做得更好。
- 即排斥又渴望休息，放慢脚步、放松和放弃。

完美主义创伤的核心往往是恐惧。如果我们放慢脚步或放开控制，我们将不得不面对一些自己一直在逃避的东西，更糟糕的是我们会发现自己的恐惧是真实的。

完美主义者通过严苛的自我批判，以及过度批评他人来保护自己免受亲密关系和精神交流的影响，他们认为"如果挑剔无处不在，我可不愿意冒着被伤害的风险离你太近"。承认自己就是将爱拒之门外和破坏关系的原因，这需要相当的勇气。

如果你意识到自己有完美主义的问题，请让自己喘口气，允许自己成为那个美丽却不完美，但拥有美好人生的人。生活不应该被控制，也不会整齐完备。我们需要放慢脚步，让真实的自我努力绽放，不要自我判断或设限。

放弃完美主义的方法：

- ◈ 当有客人到访时，试着让你的房间有些凌乱。
- ◈ 制作艺术品、撰写帖子，或分享未经打磨、不完美的作品。
- ◈ 不受拘束地随着你喜欢的音乐跳舞。
- ◈ 提醒自己犯错误没关系。
- ◈ 允许自己有愤慨、暴怒、仇恨和悲伤等情绪，不加评判。
- ◈ 如果是你举办聚会，请朋友来帮忙做饭，不必全都自己做。
- ◈ 遵从身体的感受，情绪不稳定时适时休息。
- ◈ 在日常生活中做一些不同的事情，像米娜那样把头发放下来，或者尝试一件对你来说有点前卫、夸张的新衣服。

请用对天真可爱的孩子说话时的温和语气对自己说话吧

要对自己的处事模式负责，需要注意在自己评判、批评或指责别人的时候停下来问自己："通过关注外部，我避免了哪些事发生在我身上？"当你感到嫉妒、愤怒或自怜时，想想这种感觉背后的核心恐惧是什么。能够意识到以上问题就是学会了在头脑和心灵之间架起桥梁。如果你的思维在飞速运转，你开始感到不适或身体紧张，那就放慢脚步，关注自己的呼吸，这样你就不会把能量投射出去，而是可以自我调节并拥有自己的体验。

询问自己这些问题，唤醒更多自我意识

拿起日记和笔，花点时间去思考你的恐惧和感受。回答下面的问题，通过这个过程给自己恩典和同情。要知道，当你深入自己的内心，并且为了治愈而揭开旧伤疤时，产生强烈的情绪是必然的，而且是正常的。

- 发生冲突时你的第一表现是什么（愤怒、悲伤、恐惧或焦虑等）？
- 心烦的时候，你愿意如何表达（大喊大叫、攻击、责备、羞辱、不停地道歉或自闭）？
- 你最害怕别人表现出什么情绪？
- 你对那种情绪如何判断？
- 你自己会表现出或感受到那种情绪吗？当你这样做时，会发生什么？
- 在你成年后的人际交往中，是否经常出现童年时常有的感觉（例如感觉没有被倾听、被无视、无能为力、被遗弃等）？
- 在其他人身上,什么特质或特征最让你反感（贪婪、嫉妒、愤怒、自夸、傲慢等)？

- 你有没有在自己身上看到这些特征？（请在这里深入挖掘，一点点蛛丝马迹就可以有大发现！）
- 如果是，请描述该特征以及该特征是如何在自己的表达中表现的。
- 当你和某人或你最亲密的朋友在一起时，你会表现出哪一面（愚蠢、富有表现力、严肃等）？
- 人们对你的什么看法会让你觉得很受伤？
- 你希望人们在你身上看到什么？
- 你现在怎么练习才能更多体现这些呢？
- 你想学习如何更舒适地表达哪种情绪？
- 你准备改变的习惯或行为模式是什么？

这个过程旨在帮助你与自己更加紧密地联系在一起，并了解你的反应，以及你防御的背后隐藏着什么。除了让它给你带来更多的自我意识，并邀请你进入一种对自己更深层次同情的状态，你不需要用这些信息"做"任何事情。

我帮助过的很多女性在最终整合了自己的模式后，都有一种克服了困难的感觉。她们中的不少人都想联系过去的伴侣来分享所学到的

一切。虽然跟前任伴侣分享你的收获可能很诱人,但通常我并不建议这样做,特别是如果你们的关系曾非常紧张,或者他们曾以某种方式虐待你,那更不要这样做。

你的自我问询工作是脆弱和神圣的,你不需要和伤害过你的人分享任何东西,你能掌握生活的主动权,并继续前进。如果你现在正处于恋爱关系中,那么你可能想与现在的伴侣分享你的发现,但一定要结合情境来做,并为可能发生的任何情况做好准备。

作为指导原则,我建议你在真正得到整合之前暂缓分享你内心建设的过程,或者,直到你可以不需要验证就能分享的情况下再与人分享。你所爱的人可能会、也可能不会接纳你的分享,你得到的也有可能是自己并不喜欢的回应。

出于这个原因,我建议你的疗愈过程不必与人分享,只和那些你知道自己可以信任并且有从业经验的人分享,比如治疗师、教练、精神导师、朋友或伴侣——除非他们向你表明,他们可以包容你的脆弱,或者,你愿意为发生在自己身上的任何事情负责。

要注意的是,当我们情绪低落,或者恢复到一种熟悉的、旧的应对机制时,采取一种更富同情心的心态。当你做出让自己感到羞愧或内疚的行为时,请记住,完美并不是你的目标。请用你对天真可爱的孩子说话时的温和语气对自己说话。

运用身体动作和写作来练习自我同情

把一只手放在心脏的位置,另一只手放在肚子上,做几个长而缓慢的深呼吸。尝试一个盒式呼吸:吸气四次,憋气四秒钟,呼气四次。现在,你要怎样做才能使自己的内心变得柔软呢?你需要听到哪些支持、温和以及充满爱心的话语?你可以尝试在日记中补充以下句子:

虽然我的行为是＿＿＿＿＿＿,但我还是一个好人。

即使现在我感觉到＿＿＿＿＿＿,但我依然值得被爱。

尽管现在我感觉到了＿＿＿＿＿＿,但我也可以获得其他的感觉,比如＿＿＿＿＿＿和＿＿＿＿＿＿。

我为自己感到骄傲,因为＿＿＿＿＿＿＿＿。

BECOMING THE ONE
爱的练习

- 自我评判和羞愧感会让我们裹足不前。前进的关键是获得富有同情心的自我意识。
- 为了生存下去、赢得爱情、获得认可,我们隐藏了很多不容易被接受的情感。通过给自己的这些部分带去同情和接受,我们改变了自己与原有处事模式的关系,并重新获得了完整合一的自我。
- 负责任意味着在生活和人际关系中发挥积极作用,而不是做一个无辜的旁观者。
- 自我询问工作不是责备自己,而是有能力更自觉地表现自己。
- 自我询问工作可以是一种解放,因为从根本上说,这一切的目的都是自我接纳!
- 自我意识为更深层次的转变扫清了障碍。
- 人无完人,谁都可能犯错误。

- ....
- ....
- ....

第 *11* 章

判断一段人际关系的优劣状态

100 年前离婚还是个禁忌,大多数夫妻在短暂的恋爱后就结婚了,然后即使不快乐也要在一起;现在,事情已经朝着另一个极端发展,人们会很快就结束一段关系,在情况变得困难时还生活在一起,可能性很小了。但是,没有一个人能百分之百地满足你的所有需求。在一段关系中,我们都会伤害别人也会受到伤害,重要的是要知道什么时候该离开,什么时候该卷起袖子努力挽救。没人能告诉你什么适合你,什么适合你们的关系,这由你决定。

一般来说,如果在一段关系中,有相互的爱、尊重、吸引并愿意一起努力,那么就可以取得进展。如果你们中的一方或双方不想修复关系,或者忽视了对方行为中的伤害,那么你就会像被关在仓鼠轮中,无处可逃。

我不喜欢把恋爱关系中的争吵、不幸都进行归类并加以限定,因

为我们都会犯错，有时候那些犯错的时刻正是两个人获得治愈和理解的机会。其他时候，则是你了解自己为何愤怒、设定严格的边界甚至结束那段关系的机会。

有些行为严重侵犯了你，或者触及了你的底线，那么你绝不能再给他第二次机会。如果你的身体在说"不"，就要听从身体的声音。你永远不必为了"挽救"谁而置自己于不安全的境地，所谓"挽救"就意味着离开。

生活中存在着一些普遍公认的危险信号，比如虐待和暴力或者还有撒谎或作弊。识别这些信号是很重要的，它需要注意到更多的细微差别。能够正常接收安全信号，有助于扩大你的社交圈。

在本章中，我们将详细分解危险信号、警告信号和安全信号。我还将介绍如何区分真正的危险信号和假警报，换句话说，就是区分恐惧和错觉。

人际关系中的 3 种信号：
危险信号、警告信号和安全信号

红色旗、黄色旗和绿色旗是将行为分为三类的最简单直接的方法：红色旗代表不可接受，甚至是危险的；黄色旗是警告，需要注意，可能有些事情需要调整；绿色则代表健康的、相互联系的。

红色旗

红色旗（危险信号）通常是破坏关系的力量。它们是在健康关系产生之前需要认真关注、修复和解决的特征或行为。许多人由于早期有被虐待、忽视或功能障碍的经历而将发出危险信号的行为视为正常。如果我们自己就是危险信号，那么就应该采取行动来修复所产生的伤害，并通过必要的工作来改变自己的行为。

红色旗的迹象：

- 他们谈论前任或家人时使用辱骂性语言。
- 他们谈论前任时，前任都"碰巧"是疯子或精神病。
- 他们对陌生人、服务员或过路司机表现出愤怒或侵略性。
- 他们对物质成瘾，行事危险。
- 他们的行为具有控制性，试图在你和他人之间制造鸿沟。
- 你因为害怕而不敢表达意见或不同意。
- 当你说"不"的时候，他们会无视你的底线，忽视你，并认为这很有趣。
- 他们嫉妒、多疑，经常通过浏览你的电子设备或日记侵犯你的隐私。
- 这种关系的氛围是紧张和混乱的。感觉就像坐过山车，你永远不知道他们下一步会做什么，也不知道你站在哪里。

- 他们的行为粗鲁，而且完全不关心你的感受，还会对你的身体做出伤害性评价。

- 你们的关系很隐秘，你没有见过他的任何朋友或家人。

- 你们之间的冲突非常具有伤害性，但他从不道歉，也永远不会道歉。

- 他们避而不谈双方的关系，他们让你失望，并且总是说你太难相处或者事太多。

- 你的朋友都不喜欢正在跟你约会的人，实际情况是：根本没有人喜欢他。

- 他们会对你的密友评头论足，当着你的面与其他人调情。

- 一喝点酒，他们就会变成另外一个人，这让你感到不安全，但他们不觉得这是问题。

- 蜜月期一结束，他们就判若两人。

- 他们患有精神疾病，给每个人带来痛苦，但他们却拒绝寻求帮助。

- 你们的关系充满了危险信号，但他拒绝承认这些问题，对进行疗愈不感兴趣。

- 你无法解释其中的原因，但在他们身边，你就是会感到不自在、不舒服或不安全。

黄色旗

黄色旗是警告信号，提醒你注意并发现问题，要求你谨慎行事。在现实生活中，几乎所有的关系都会有一些具有警告含义的信号。当你和潜在伴侣相遇时，你们不可能把一切都弄清楚。这个阶段出现黄色旗代表机会，可以进行清晰直接的对话，找出你们双方都愿意努力的方向，或是表明关系更进一步存在的阻力。如果这些对话遭到否认或抵制，黄色旗会变成红色旗；但如果黄色旗能带来更多的坦诚相待，以及彼此愿意改善不一致的承诺，它也可以变成绿色旗。

黄色旗的迹象：

- 你们中的一方或双方在保守秘密或撒谎。
- 你的家人和朋友都非常不喜欢这个人。他们在为你担忧。
- 你不能谈论自己的感受，也不能进行深刻的讨论。
- 他们债台高筑，还拿不出令人信服的解释。
- 他们不喜欢回答问题，也不喜欢说"让过去的就过去"。
- 他们总是失业、被解雇，或者要借钱。
- 他们在最后一刻临时取消约会。
- 他们没有任何个人爱好、兴趣，缺乏激情。
- 他们有不忠的经历。

- 他们不在社交媒体上发布或分享任何关于你们关系的信息（如果他们是活跃的社交媒体用户）。
- 他们容易在冲突中变得沮丧，不善于表达自己的情绪。
- 他们还在和前任联系。(这一点有点儿微妙，因为在某些情况下，这可以是绿色旗！一个和前任友好相处的人是积极乐观的人，这也显露出他们处理关系的技巧。但当他们之间的联系是秘密的、将你排除在外；你从未见过他的前任，他不愿意让你见她；或者这位前任不尊重你们的关系而越界时，这就变成了黄色或红色的信号。)

绿色旗

绿色旗代表可以继续前进！在一段关系中，绿色旗是双方相互尊重、真诚、彼此信任和欣赏的标志。这时这段关系会给我们一种安全感和保障感。我们知道可以做自己，有自己的想法、意见和渴望。

绿色旗的迹象：

- 你觉得公开表达自己的想法很安全。
- 分歧不会威胁到你们的关系。
- 鼓励对方处理好恋爱关系之外的友谊和亲人之间的联系。
- 尊重双方在身体接触、性、沟通和个人物品方面的边界。

- 每个人都对自己的能量、情绪和行为负责。
- 发生争吵时，双方都对自己的表现负责，而不是其中一方"总是""从来没有""绝对正确"。
- 这段感情激励你做到最好，让爱在世间闪耀。
- 当困难或压力袭来时，你们都愿意迎难而上，留给对方空间，而不是拒绝爱或惩罚对方。
- 关系的氛围保持始终如一，而不是混乱无序。
- 你们在他人面前互相扶持，没有贬低或辖制。
- 你们可以在彼此面前暴露脆弱的一面，且不担心日后会被用来对付你。
- 冲突是增进双方关系的机会，而不是造成心理上或身体上伤害的地方。
- 冲突之后你可以修复自己的情绪。
- 你们双方都可以坐下来，然后讨论彼此的分歧，并为了对方努力表现得更好。
- 在彼此的关系之外你们都有自己的生活。
- 这段关系对你们双方来说是灵感的源泉。

虽然一个人可以做一些事情来帮助伴侣获得安全感，但安全感是由健康的外部环境和健康的内部环境共同组成的。

我帮助过的许多人描述了当他们遇到"一个很棒的人"时所感受

到的困惑和失望,这个人符合所有的选项:充满爱心、善良、乐于陪伴,然而,他们仍然觉得这人不安全!他们的脑海里总是想着这人不适合他们的各种各样的原因,他们一直在等着"另一只靴子掉下来"。

"让你感到安全"并不仅仅是对方的责任,也是你自身的任务。想要了解你的神经系统在你的人际关系模式中所扮演的角色,就要建立与身体信号的新关系。它可以帮助你了解如何区分和响应红色、黄色和绿色旗,如何表达你的恐惧和担忧,以及当安全、可靠和健康的关系到来时,你是否可以放松自己,进入这段关系。

如何处理发出危险信号的人际关系

有些人经历的都是红色旗关系。我很同情那些担心自己已经破碎到无法拥有健康关系的人,因为我自己也曾有过类似的想法。除非他们经历过安全的绿色旗关系,否则他们很难相信安全关系才是普遍存在的。有了承诺,就完全有可能走出那些根深蒂固的模式,创造一种相互认同的关系。更重要的是,你将经历一次完全的蜕变,这种蜕变将影响你在工作中的表现,你与家人、朋友、社会的关系,乃至你与整个世界的联系。

我见过成千上万的人从最痛苦的创伤过往中涅槃重生。他们的成长并不是抛弃他们的过去,恰恰是因为过去才有成长。所有经历过红色旗关系的人都知道它有多么令人困惑。我们身处其中时,很难看出这种关系有多么不健康。直到我们远离了这段关系，我们才能够意识到自己受到的伤害。我们会质疑自己为什么在这种关系中停留了这么长时间，为什么会允许这种行为继续下去。

关于危险信号主题，我遇到的最常见的问题之一是：红色旗关系会变成相互认同的关系吗？

这个问题可不是简简单单就能回答清楚的。一方面，如果互相有爱意和意愿，在一段关系中，几乎任何模式都可以转变；另一方面，如果两个人想把红色旗关系转变成某种安全而有保障的关系，那目前形式的关系就必须彻底消亡。从本质上讲，只有双方都准备好并且愿意从头开始重建时，才能改变这种关系。在红色旗关系中，这种情况极为罕见。通常是一方愿意，另一方不愿意，在这种情况下，转变模式的唯一方法就是走出这种状态，独自进行疗愈。

当然，与你处于动荡关系中的人，有可能是灵魂伴侣，也可能是双生火焰。但即使他们是你的灵魂伴侣，也不是你保持红色旗关系的理由，也不意味着你们注定要在一起。就我个人而言，我相信我们这辈子有很多灵魂伴侣，不仅仅是一两个人，而是过百人与我们的灵魂一起旅行。有些灵魂伴侣会是亲密的朋友、家人、恋人甚至宠物，但有些可能根本不在我们的核心圈子里。你经常在杂货店看到的人，过去十五年来为你递送邮件的人，也可能在你的灵魂伴侣集群中。关于我们只有一个灵魂伴侣的想法，这神乎其神的"一个"可能会造成一种稀缺的心态，并导致我们会坚持忍耐一些于己不利的事情。

精神上的联系从来都不是自我抛弃的借口。因此，你可能会遇到、也可能不会遇到灵魂伴侣型的关系，但要相信，在必要时放手才是明智的选择。

如何区分恐惧和错觉

我们的直觉经常被往事混淆。如果我们有未愈合的情感伤痕或来自过去的触发因素，我们的大脑可能就会"积极"地在我们最重要的关系中寻找恐惧的证据：被忽视、被控制、感觉自己微不足道、受到伤害，等等。你能做的最有力的直觉训练就是了解大脑是如何运作的，以及你的创伤和恐惧是如何表现的。有了清晰度和责任感之后，身体再对你发出信号时，你就可以信任自己的身体了。

恐惧往往与大量内心的杂念、对事态发展的预测和对灾难的想象有关；直觉是"本能"的感觉，是一种"内在的认知"。与其说这是一种无法控制的情感反应，不如说是一种微妙的耳语。被恐惧驱使时，我们通常会回到自我幻想中，比如幻想自己逃跑，要独自生活在森林里；被直觉驱使时，我们则会朝着对自己最有益的方向采取行动。

恐惧和投射会阻碍我们与真实的情况联系，导致我们的头脑编造出糟糕的情况并做出判断。我们只有在能够客观、理性地看世界的时候，才可能真正听取内心的声音。

学习信任我们的直觉，包括在收到信息时挑战自己的头脑和身体，这样我们就可以确信自己的选择来自真理，不来自过去的限制。

准备进入第二次婚姻，我又开始害怕被背叛、被利用了

为了加深我们的关系，本杰明和我决定结婚。于是，我所有的恐惧就以争夺家庭支配权的方式完全浮出了水面。订婚后一年多的时间里，我都沉浸在自我的内心戏当中。

回首往事，我对自己内心那个害怕被背叛、害怕不被尊重、害怕被利用的小女孩充满了同情。这些不仅是我童年的往事，而且我在第一次婚姻结束时也重复经历了，现在我将进入第二次婚姻，感觉上这里蕴藏着巨大的风险，我打了很多次退堂鼓。

"第二次婚姻"的羞耻感，以及"这一次可能也不会成功"的潜在意识，一直在我脑海中挥之不去。那段时间，我们吵得不可开交，比以往任何时候都厉害，我甚至想取消婚礼。幸运的是，本杰明和我都有解决问题的办法，也有足够坚实的感情基础一起克服感情中的波动，尽管过程非常艰难。

有一天，我和本杰明正在收拾房子准备搬家，他用一种让人感觉冷漠和不屑一顾的方式对我说了一句话。我的情绪瞬间爆炸，没有平静地理解他说这话的缘由，也没有意识到我们都有很大压力。我转身冲进卧室，躲在衣柜里。我知道自己需要支持，于是打电话给好朋友兼感情教练乔丹·格雷（Jordan Gray）。他鼓励我发泄自己的沮丧和恐惧。

"我怕本杰明会试图控制我,会不尊重我,甚至看都不看我一眼,只会碾压我,然后我就会失去自我。"我泪流满面地对他说。他花了好一会儿认真地倾听我的诉说,然后轻声地回应我说:"嗯,好像自从你和本杰明谈恋爱以来,你的变化只是更有力量、更引人瞩目了,你不觉得吗?"我的状态立即发生了变化,就像是他把我从一场梦中惊醒。"是的,没错。"我说,"谢谢你,我确实是改变了很多。"

乔丹能够看清我当时的情况,没有过多的评判,也没有放大我内心的恐惧,而是温柔地帮助我回到现实,回到我现在的关系中。这就是与其他致力于内心建设的人建立友谊的力量。

至关重要的一点就是拥有值得信赖的朋友或知己,他们能够在你需要的时候提醒你。在传统的友谊关系中,当朋友和他们的伴侣吵架时,我们通常习惯互相袒护、说前任的坏话或者偏袒其中一方。每个人都需要支持,有时候我们最需要的只是在经历事情时感到被认可。但在其他时候,这可能具有破坏性。

在有意识的友谊中,朋友的作用是倾听、相互关注、提供反馈,从而激发自省和疗愈发生。就像我把之前被伤害的情感投射到本杰明身上时,乔丹只是轻轻地唤醒了我。我们都希望至少有一个朋友,或一个值得信赖的治疗师、教练、导师,在我们处于混乱状态时,可以指望他们来帮助我们。

释放恐惧的5个步骤

承认恐惧。问问自己,这种恐惧从何而来,是来自过去的经历吗?这种恐惧是否有事实依据,它是基于当前这段关系中的问题,还是基于过往的记忆?

找到恐惧。你身体的什么部位感受到了这种恐惧?身体传达给你什么信息了吗?请记住,身体也可能习惯以某种固定方式做出反应,所以给身体一点挑战。询问自己:"这恐惧有明确的来源吗?还是只是条件反射?"

测试恐惧。问问你的恐惧:"可能发生的、最糟糕的事情是什么?然后呢?"继续这样问下去,直到找到恐惧的根源。

揭示恐惧。如果感觉这样做没问题,你可以请让你产生恐惧的人给你一些时间和空间,并分享随后发生的事情。你也可以做镜像练习,通过面对镜子,和镜子里的自己分享,来向自己揭示恐惧。

释放恐惧。找一个代表这种恐惧的物体摆在书桌或书架上,或者写封信在下个月的这一天烧掉。当你准备好时,做一些仪式性的事情来象征你释放了这些恐惧,比如花草浴、燃烧,或者把物体放回大自然(本身来自大自然的,或是你有意识收集的物品,如树叶、松果、石头、花朵或土壤等)。

通过沟通、交流,识破脑子臆测的危险信号

我们习惯做最坏的打算,就容易在掌握足够的信息之前放弃,或者做出假设、小题大做。

是的,出现明显的红色旗信号,让我们有理由立即转身走开。在被虐待的情况下,你并不需要更清楚地了解他们的意图,但我在这里说的是不同的情况。我所说的是,我们将恐惧投射到了一段恋爱关系上,这段关系本应该有其正常的起起落落,比如你和一位新对象刚刚开始约会,但你在约会应用程序上看到了他和别人,就假定他们正在约会;或者因为对方不喜欢你的猫,就给他贴上"情感冷漠"或"逃避感情"的标签。

当我们在过去的关系中经历了很多痛苦和创伤时,我们会变得格外谨慎,这是有道理的,也是明智的。但我们必须直面问题并能够清晰沟通,这样我们才能给他人一个与我们分享、交流的机会。有遗弃创伤的人可能会因为一个相当小的误解而变得非常痛苦,并用非常消极的眼光看待这个小误会。因为激活被遗弃的创伤时,头脑会杜撰各种潜在的故事,这些故事本质上非常消极。

此时,你正在回应的极有可能是一个假警报,而不是一个真正的危险信号。你可能会落在与现实不符的、熟悉的恐惧中:他们不在乎我、他们不喜欢我、他们是坏人、他们会离开、他们在回避、他们不可信任等。如果此时你能成熟、理智地提出问题,并给对方澄清的机会，那这正是"测试"你们之间关系或潜在关系的好机会。通过沟通、交流得到的结果，比你用自己的脑子臆测的结果更清晰、更真实。

如果你看过情节浪漫的喜剧，那么你就知道编剧是如何制造戏剧冲突的，让两个满怀善意的人误解对方，然后拒绝直接沟通，导致混乱、沮丧和对立。直接沟通，给别人一个当面陈述的机会，可以少动很多脑筋。

与其做出假设或妄下判断，不如放慢脚步、做深呼吸。当你掌握主动权时，你可以接近这个人，发起对话，做一次"事实验证"。

向对方说这些话，验证事实与你的感知的差距

- "我现在正在处理一些糟糕的事情，我想知道你是否有时间和精力帮助我。"
- "我在这段关系中产生了一些恐惧，我想知道你是否愿意不加评判地听我倾诉。"
- "我害怕接近你，让我心碎。我注意到自己想逃跑。我只是想大声说出来，这样我就不再恐惧了。"
- "你前几天说的话让我情绪越来越差，我想和你一起做一次事实验证。你愿意这么做吗？"
- "你说的话让我很激动，我想知道你是否愿意和我谈谈。"

- "前几天,当你说_____时,它给我带来了____ _____,因为以前我曾经经历过_____ _____。你的话到底是什么意思?"
- "在一段关系中,对我来说很重要的事情是_____ _____,我想知道这是否是你愿意接受的事情。"

如果你是第一次约会,约会对象带给你毛骨悚然的感觉,你完全不必跟他们进一步交流。除非你想给约会对象一个机会,否则你没有必要对另一个人进行事实验证。但是像我这样的情况,我就要结婚了,我的脑子开始乱了,事实验证则正是我所需要的,以便我从所处的梦魇中醒来,并回到自我的中心。

事实验证可以帮助你从直觉中解读恐惧。它需要勇气和沟通的意愿。可能你不是总能得到想要的答案,但你会更清晰地看清情况,这才是最重要的。有时候我们不问问题,是因为在内心深处我们并不是真的想要答案。我们害怕放手,所以我们忽略危险信号,或者不去质疑它们,直到一切都分崩离析或爆发。

通过沟通,我们会获得更多的亲密感和理解力。我们的思想总是在编造意义、讲故事,但有时我们所编造的意义是不正确的。现实中我们也像那些浪漫的喜剧一样——两个人都有善意,但并不直接。

关于分享恐惧，则需要非常谨慎，虽然内心建设要求我们信念坚定地迈出这一步，但我也坚信，谨慎对待与谁分享我们的内心才是恰当的，尤其是当我们处于敏感的阶段。我们在情感脆弱的状态下，感觉到被忽视或被拒绝，并不利于我们的疗愈。

想想看，你可能时常无法跟触发你恐惧的人直接交流，这个人也许是你的父母，是和你约会的人，甚至是你恋爱中的伴侣。把你的恐惧分享给一个你知道可以为你提供指引的人。如果你并不确定他是否愿意，最好在分享之前求得同意。每个人都有自己的极限，有时，我们也可以借助写日记或去树林里散步来自己处理这些事情。

BECOMING THE ONE
爱的练习

- 红色旗、黄色旗和绿色旗需要细微区分,我们不能过分简化这个话题。
- 红色旗是不可谈判的交易破坏者,但这些信号因人而异。
- 像虐待这样的危险信号永远不应该被容忍,而像不忠这样的事情可能是一对夫妇需要共同解决的问题。在这个过程中尊重自己的感受。
- 我们都会犯错误,犯错的时候经常感觉很混乱。最重要的是,你要对自己负责,并致力于你的疗愈过程。
- 当我们过去受到过伤害或背叛,就很可能会经历"假警报",我们会迅速放弃或变得焦虑。有时我们需要值得信赖的治疗师或导师来帮助我们应对这些情况。
- 请专注于接收安全信号,并将精力用于培养健康和安全的关系。
- 越是尊重自己,越是致力于自我意识,你就越能学会相信自己的直觉。

- ....
....

Becoming the One

第四部分

认清自己的真实需求

PART 4

第 12 章

信任自己的身体，设定健康边界

边界是我们的能量和情绪的底线。如果有人总是取悦别人、付出过多或不懂拒绝，那么我们需要警惕，这种人不能完全信任。一个人缺乏边界感可能源于对爱的渴望，但通常情况下，缺乏边界感会让我们失望，妨碍我们拥有深度的爱。从本质上讲，我们的边界反映了我们对生活的开放度、我们与自我的关系以及我们对承诺的忠实度。

边界对与人交往而言至关重要。边界强化了我们与他人的关系，并确保了我们的安全感。一个有明确边界的人，会尊重自己的需求，你可以相信他说的是真话。

大多数边界问题的核心是对自己和身体缺乏信任。树立健康的边界首先要学会清晰直接地表达自己，同时也表示我们知道对自己的情绪、精神和身体健康而言什么才是最好的。

自信地设定边界意味着有勇气说"不"，让人们离开，或者在边界被不断跨越时做出相应的调整。这也会让我们明确自己的意图：树立边界是邀请一个人走得更近，还是为了保护自己免受伤害？我们是因为恐惧还是因为爱而设定边界？

如果建立边界的方式不能让我们达到想要的目标，那么我们要承担未能达成目标的责任，并学会以新的方式进行沟通。充满自信地表达自己时，我们就会表现得既善良又坚定，既直接又谨慎。有了这个基础，我们就成了自己生活的权威，不再需要捍卫我们的选择。我们对自己的真实状况很放松，可以邀请那些对我们而言重要的人与我们建立更深层次的联系。

抽出一点时间，探索我们的内心，想象一下自己最光彩照人、最有力量的样子：充分了解自己的价值、明确自己认同的和反对的、有能力承认自己的需求、设定和尊重你为自己设定的限制。

这一章以及本书第四部分的内容将围绕边界展开，包括你最看重什么，你希望如何被爱，以及你希望在一段关系中给予和接受什么。我们还将探索你的成长范围，也就是你可以建立更多信心的领域，以便你可以准确地传达自己的需求。

边界的 5 种类型

边界就像想象中的线，将我们的物理空间、感受、需求和责任与他人分开。在边界最有效的情况下，自己真正的样子会被他人看到并受到尊重，我们能够与他人建立更为健康的关系；而且别人也会知道我们在行为和沟通方面会接受什么、不接受什么。

边界是一道栅栏。如果我们在没有任何灵活性的情况下设置它，那么它们就会变成一堵墙，使我们远离渴望的联系。如果我们根本不设定任何边界，那就容易让自己沉浸在怨恨之中，因为我们没有优先考虑自己的需求。要明白：边界不是防御的工具。传达我们的需求能让人们更好地爱我们。边界帮助我们保持与他人的联系，同时也维护我们作为个体的主权。

边界与自我价值密切相关。我们可能会错误地认为：设定了边界会导致所有人都离开我们，我们将孤独终老。我们会因为害怕让他人失望而不设定边界，当人们为我们设定边界时，我们则会感到被排斥或被防范，因为我们将其理解为拒绝。

随着自我价值感增加，这些模式会逐渐得以疗愈。可以开始相信，一旦我们建立了边界，只有合适的人才会留在我们的生活中。

也许你有一个原则，第一次约会时不做晚餐；也许你只愿意在朋友或家人不喝酒时，才花时间和他们在一起；也许当朋友请求你帮助时，你因为忙于一个项目或者你需要休息而必须说"不"……要相信，你可以说"不"。如果在这段关系中你并非必不可少，有些人可能会疏远你；但更多的时候，人们会尊重你的边界，并感谢你设定了这些边界！在某些情况下，他们甚至会受你启发，学习如何设置自己的边界。请尽最大的努力向注定的那些东西让步，最终，合适的人总会出现。

物理边界

物理边界是关于个人空间和身体的边界。当我们的物理边界意识很强时，我们对自己的限制、偏好和欲望有清醒的认识。我们尊重他人的边界，会在触碰其边界之前先征得他们的同意。许多人都经历过小时候被迫拥抱不认识的人而丧失自己身体边界的情况。如今，人们已经改变了观念。尊重自己物理边界的目的，是要明确你完整地拥有自己的身体。

物质边界

物质边界是关于个人物品的边界。当物质边界意识很强时，你会尊重自己的个人物品和他人的财产。就像是从朋友那里借了一件东西，然后按照你说好的时间归还。或者有人向你借东西但你却真的不想借时，你可以说不。在我最终设定出借书籍的边界之前，我个人的藏书曾遭受了相当大的损失。对于那些很爱护自己的物品的人来说，物质边界可能更为重要，需要格外注意。

情感边界

情感边界是将我们的情感与他人的情感分开的边界。它需要我们在自己和他人之间创造一个充满活力的空间。健康

的情感边界可以防止我们过度付出、承担责任、情感拯救以及对他人的经历负责。当我们有强大的情感边界时，我们会关注自身感受和个人体验，同时也能够见证和参与其他人的经历；当情感边界模糊不清时，我们很容易对别人过度依赖，与之纠缠不休，过于专注其他人，他们的每一种情绪都会影响到我们。

◆ 心理边界 ◆

心理边界是在思想、价值观和意见方面保持自我，同时也尊重其他人。在心理边界模糊不清的情况下，当人们分享与我们不同的观点时，我们可能会反应过度；当我们收到反馈时，可能会防御性十足；或者，我们可能会接受别人的判断，并将其作为我们自己的判断。

当心理边界动摇时，我们会因与别人不同而感到威胁；我们可能会进行投射、做出假设，无法采取开放的心态。当心理边界处于健康水平时，我们能够倾听和接收反馈，能够听取别人的意见，不会立即把它们当作个人的真实情况；有人以不同的方式体验世界时，我们会保持好奇而不会反应过度。我们就像拥有一个过滤器能分辨什么能与我们产生共鸣，什么不能，同时也可以灵活地改变我们的想法。

精神边界

强大的精神边界意味着尊重他人的道路，不干涉别人，不随意给别人不必要的精神建议。有了健康的精神边界，我们就明白拯救、修复或启迪他人并不是我们的工作。

当我们踏上疗愈之路时，拥有精神边界非常重要。我们都遇到过别人教我们应该如何生活、成长、治疗的经历，每每遇到这种情况，我们都会感到很唐突。别人在没有征得我们同意的情况下，突然做出评判，或者自认为他们知道我们的感受、我们相信什么时，我们都明白那感觉有多糟糕。

当我们投射出自己不请自来的信念或想法，指点别人应该如何回应生活时，我们就在某种意义上干扰了他人的生活。每个人都在学习自己的功课，我们不能打断这个学习过程。良好的精神边界允许那些帮助者、指导者、教练或治疗师提供指导，目的是让另一个人的现实生活变得更有效。

不同类型的人际关系的边界各有不同

工作、友谊、家庭、恋爱关系等，都有其独特的边界特征。大多数人都有其擅长把控边界的领域。有的人可能在工作关系中拥有健康

的边界，但与家庭成员和恋爱对象的边界却漏洞百出。我们也可能与大多数朋友都有健康的边界，但与一个让我们想起父母或抚养者的人互动时，又会难以自持。

阅读以下说明，请查看你与哪个边界特征相关度最高。每种边界类型都有一个练习，可以帮助你恢复平衡。注意阅读时自己身体的感受，如果出现想转移话题或抵抗的情绪，这是身体的保护性反应，这时就是你成长的临界点。

如果你感觉有阻力，这个练习可能会改变你。

多孔边界特征

- 容易被他人影响。
- 可能会感到精疲力竭、痛苦和怨恨。
- 承担他人的问题。
- 难以说不。
- 感觉自己的意见无关紧要。
- 经常与遗弃创伤抗争。
- 具有照顾者或拯救者倾向。
- 害怕被拒绝或被抛弃。
- 依赖外部验证。
- 视边界为手段。

练习：正如我们在第 3 章中探索的那样，你可以从体现火的元素中受益，练习提升自信心，即使感觉很困难，也要直接说出自己的想法。你需要提升的能力：能够舒适地把自己放在第一位并说"不"。在进行这个练习的某段时间里，你可能会感到自己有点自私，如果是这样，请接受它。随着时间的流逝，你会在给予和尊重自己之间找到一个平衡点。

刚性边界特征

◈ 固执己见，不接受任何外界影响。

◈ 防御性的，非好奇的。

◈ 使用边界来屏蔽或保护内心。

◈ 用骄傲来掩饰情感脆弱。

◈ 不愿意合作。

◈ 更加以自我为中心，而非重视关系。

练习：慢慢卸下你的心防、降低你的敏感度，让自己得到支持和爱，你会从水元素中得到更多的帮助。你需要提升的能力：能够适应自己的脆弱，学会接纳他人，同时为他人的需求和欲望腾出空间。你害怕被伤害，你的戒备之下是一颗寻求滋养和温柔的心。

健康边界特征

- 必要时可以坚定，也可以很灵活。
- 能够听取外界的意见或反馈，并选择如何回应。
- 信任身体和内心的声音。
- 可以包容别人的痛苦或情绪，而非去拯救或照顾。
- 可以说"不"，即使这意味着感到内疚。
- 尊重他人的边界。
- 以适当的方式共享个人信息（既不过度也不缺乏）。
- 清晰直接地标明边界。
- 将边界视为创造更健康关系的方式。
- 充分了解自己，能够表达对个人空间、时间等方面的需求。

练习：我们的边界总会受到考验。你需要提升的能力：当有一个领域需要你关注时，继续保持自我意识，并相信自己能以一种自我尊重的方式进行沟通。

你的身体和内在信使是设定健康、有意识的边界的指南针。内在信使也被称为直觉，它不被恐惧所支配，也不伴随着往事而来，它是一系列帮助你识别出自己真实情况的感觉、振动或声音。

内在信使与我们每个人交流的方式并不相同，所以练习调整自己的身体并了解内在信使是如何与你交流的，这一点很重要。与自己的身体保持一致是你通往力量之门的保障。

调整自己的身体并识别自己的直觉

感觉："感觉"通常是关于什么时候说"是"，什么时候说"不"的信息。刺痛、收缩、内脏的沉重感或瞬间的头痛，常常是身体在说"不"；刺痒、膨胀、豁然开朗或"温暖"的感觉，常常是身体在说"是"。

声音：声音通常可以表明你内心的是或否。如果你在做决定的时候支支吾吾，那就注意你所发出声音的音调和振动。你感觉它是积极的，还是消极的？这种探究练习可以帮助你更好地了解你的身体怎样与你交流：什么是感觉良好、什么是感觉不好。即使是最简单的"是"或"否"问题也适用。

冲动：有些人会收到"即时"的确认，它可能发生在心肺部或脾肾区域。如果你是那种能接受到"灵光一闪"就立即说"不"的人，别人可能会觉得你很冲动；如果你不相信这种一闪而过的洞察力，你会退回到自己的头脑中去与自己争辩，最终放弃自己的决定。那么，你的练习是要臣服并信任这个见解。

情绪：如果你是那种需要时间才能做出决定的人，你可能经常感到匆匆忙忙或承受别人要马上知道结果的压力。请练习尊重你做出决定所需要的一切，给自己时间去感受你完成任务的特有方式。

顿悟：有些人可能会体验到信息大量涌入、醍醐灌顶的感觉；有些人可能会有什么东西掉进去或落在身体里的感觉。像我收到信息时，感觉它就像一束带着消息的光射入我的头顶。请练习花时间培养这种产生共鸣的感觉，这样你就可以敞开心扉接受心灵的指引。

如何正确地表达边界

在大部分时间里，我们都会用温和的方式进行沟通，但这往往导致表达不准确或不能传递真实的感受。只要不过于刻薄，你可以直言不讳，不需要过度粉饰自己的语言。

传达边界最重要的部分是确定为什么你有边界，以及你想通过设置边界表达什么。请保持冷静，专注于将你的意图正确地传递给对方。

如果此刻你很害怕、很激动或很愤怒，你的情绪会传递给周围的人。第一次学习设置健康的边界时，你可能会发现自己像钟摆，从一端到另一端来回摇摆。如果害怕发出自己的声音，我们就会把自己憋到爆发；或者从没有边界变成咄咄逼人、声色俱厉。设定边界也需要不断练习。当事情没有按你想要的方式发展时，请对自己温柔一点。这种情况下你可以说："这样不对。我可以再试一次吗？"

在设定边界之前，花点时间，让思绪进入自己的身体。思考自己希望如何与他人进行交流，以及设定边界后，交流的价值何在。

"千禧一代"[1]和"Z世代"[2]的交流主要是通过信息而不是语音，这是这代人的特征，也是一种造成严重脱节和焦虑泛滥的交流方式。文本信息，让人听不到音调，也感受不到对方的能量或意图的细微差别，很容易产生误解和沟通障碍。因此，为发短信设定边界是不错的选择。

一个健康的边界是指我们能沟通任何重要的事情，比如内心的冲突和即将到来的恐惧，如果不能当面说的话可以打电话。如果你有受伤的感觉，或者有什么让你沮丧的事情，最好是坐下来，要求谈一谈，而不是发一段长信息。如果你在向对方描述自己的边界时有身体僵硬或完全自闭的表现，或者面对面与某人设定边界确实不安全，你不想再见到那个人时，写信是另一种沟通的方式。

我曾经给本杰明写过信。对我来说，那个时候把所有问题都说出来很重要。事先声明，我首先确认了本杰明愿意以这种方式接收我的

---

[1] 指在20世纪时未成年，在跨入21世纪（即2000年）以后达到成年年龄的一代人。
[2] 2000年之后出生的人。

通信，接下来我们安排了面对面的谈话。如果你的边界设定是为了强化这段关系，那就鼓起勇气，直接进行对话。

注意我们在人际关系中的表现是很重要的，如果我们没有让对方以我们想要的方式爱我们，我们自己就要承担责任。如果有人越过了我们没有明说的边界，我们因此惩罚他们，或者在人家身上发泄愤怒是不公平的。

这是一个让对方知道如何尊重我们的机会。当然，我们不能为了获得人们的尊重而做出一些比如虐待、辱骂或其他极端行为的事情。在大多数情况下，如果想要感到安全和被理解，我们需要非常直截了当地表达自己想要和需要的东西。虽然我们的内在小孩希望什么也不用干就能得到照顾，但我们是成熟的成年自我，必须担负起传达自己需求和愿望的责任。

维持边界需要我们克服内疚和坚守底线

1. 克服内疚

建立边界意味着我们必须克服内疚。设定边界拖的时间越长，内疚感就越难以避免。我们可能会努力避免艰难的对话，因为我们不想处理别人的情绪反应，也不想面对我们自己的艰难感受。我们可能会否认自己的真实情况，或者尽最大努力忽略一些明显不合时宜的东西。

但这种策略只能用于一时，因为它并不是来源于真实情况。当某件事让我们彻夜难眠或焦虑内耗时，就到了说点什么的时候了。

你在设定边界时发现了自己的处事方式，情绪上感觉难以接受是正常的。你可能会有一种冲动，想要收回自己的决定，或者在拒绝之后急于冲过去安抚别人。记住，你不是别人的拯救者，努力在过程中保持正常，事情会变得越来越容易。

2. 坚守底线

有人越过你的底线时，我们需要与其沟通，并说明我们希望他们如何行事。针对严重的侵犯行为，有时需要外部支持或专业帮助。

我们爱一个人，最好也还是让他们与我们的生活保持一定距离。在一段关系中，仅仅说出或听到"我爱你"并不能取代对尊重、诚实、真实和表达自由的需求。我们可以爱别人，但仍然要把爱自己放在第一位，因为没有人会比我们知道该如何更爱自己。我们这样做是为了确保自己有能力去爱和被爱。我们可以爱一个人，并理解"为什么"他们做了那些事，但仍然不应该允许他们给我们造成任何进一步的伤害。

了解一个人痛苦的根源，意味着要撕开他的伤口，那会造成又一次创伤。我们不用惧怕他们，也不需要用他们的行为来定义我们的价值。但必须记住，拯救别人脱离痛苦不是我们的责任。我们不负责医治他们的创伤、解决他们的麻烦，也不能成为另一个人情感的垃圾桶。我们必须保护自己的能量，尊重自己。

当别人触碰你的底线时,尝试做这些动作

你可以在设定边界之前,以及你注意到自己的心思与身体脱节的时候使用这个仪式。通常是别人触碰了你的底线或边界时,或者我们变得焦虑不安、不知所措之时。

1. 做三次深呼吸。
2. 注意你的呼吸,是急促的还是轻松的?
3. 与接触的事物的表面连接:感觉你的脚在地面上、屁股在座位上、背部在地板或椅子背上。
4. 扫视房间,注意你所处的位置,感受它带给你的存在感。
5. 扫描你的身体,注意自己当下的感觉。
6. 再做三次深呼吸。
7. 说:"我在这儿,一切尽在掌握中,我很安全。"

涉及性边界时,关注你的身体并相信你的感觉

人们不常谈及性创伤对我们设定界边和表达拒绝的影响。

我们的物理边界被侵犯后，为了让我们可以重新表达自己的意见、拥有身体的主权，通常有很多治疗工作要做。如果在过往的生活中有一些时刻你觉得你应该说"不"，但实际上没有说或不能说，请千万不要感到羞愧。

当生存受到威胁时，我们的神经系统可能做出冻结或奉承的自我保护行为。这可能看起来像是麻木、自闭或努力安抚某人，即使这个人正在利用我们，或者这个人根本不是一个安全的人。从物理边界被侵犯中恢复，需要温柔与理解。如果你的性意识需要治疗，你可能需要做出某些调整，要以较慢的速度进行，或者需要在治疗时采取安全、温柔的对话。

当涉及性意识和如何表达自己的性意识时，没有所谓正确的或错误的方式，但是当你想要了解一个人，并与之建立恋爱关系时，有些事情要记住：性是一种纽带。通常情况下明智的做法是，直到我们清楚地觉得自己想要进一步发展这段关系时才能与其发生性关系。然而，有时我们会为性或与某人的身体亲密度设定边界，边界设定后你又会发现自己正在跨越自己的边界，这时你该怎么办？

这是你自己的身体，你可以改变主意。你可以决定这次跨越界线，以后绝不越界，或永远也不再越界。涉及性的边界时，重要的是关注你的身体并相信你的感觉。根据我们的个人人生观、个性和偏好，良好的性边界对我们每个人来说都是独一无二的，但练习妥善照顾自己、顺畅地表达自身需求是疗愈我们与身体关系的核心。

最重要的是,我们需要从根本上诚实对待自己,如果自己的感受在此过程中发生变化,要及时做出调整。

发生身体接触前需要考虑的事项:

◆ 与这个人在一起,你觉得安全吗?

◆ 你觉得自己被这个人尊重和关注了吗?

◆ 你是为了得到爱而发生性关系,还是只是想和这个人发生性关系?

◆ 在性爱期间或性生活之后,你是否觉得可以安全地索要你需要的东西?

◆ 你想再次和这个人发生性关系吗?

◆ 你是否精力充沛?这会影响你明天或一周后的状态吗?

心灵壁垒是自我封闭,
边界让我们与他人保持健康距离

壁垒可以保护我们的心,防止人们完全看透我们,而界有助于保护我们,能让我们与他人保持健康的距离。安全的边界能将我们与他人联系起来,并以一种既安全又美好的方式邀请他们参与我们的生活。

只有你自己才知道你是在制造围墙还是设置边界,所以练习是为了让你在感觉不确定的时候能回归自我，并及时警醒。

你害怕吗？你正在自我封闭吗？再次找到安全感之前，你还需要什么？你是否需要一些时间或空间来认清形势？如果你建起了心灵壁垒，没关系，保持好奇心，不要自我批评。然后，你自己决定是否需要改变，如果恐惧已经产生，你需要做的则是照顾好自己的内在小孩。

心灵壁垒看起来像：

◆ 没有实际意义的威胁或最后通牒。

◆ 阻碍我们建立亲密关系的东西。

◆ 声色俱厉或咄咄逼人的言语或行为。

◆ 缺乏灵活性或合作意愿。

◆ 一种"我说了算"的心态。

边界看起来像：

◆ 请别人更好地爱我们。

◆ 根据我们不接受的行为划清界限。

◆ 让我们在一段关系中感到安全的东西。

◆ 加强关系的存在、联系或交流的方式。

◆ 协作和好奇的空间。

边界是很个性化的，会随着时间的推移而改变。阅读以下描述，请注意哪些描述与你相符。有些描述可能会让你感到心胸开阔，并与之产生共鸣。其他的描述可能没有感觉，而另外一些可能会引起反感。你所有的感觉将会勾勒出你的边界。

◆ 精神边界 ◆

- 我对反馈或精神教导持开放态度，但会选择适合我的。
- 我不会把我的精神议程强加给别人。
- 我相信其他人会找到自己的出路，拯救或修复他们不是我要做的。

◆ 情感边界 ◆

- 我不能给别人保留无限的空间。
- 我尊重他人的情感边界，在分享之前询问他们是否倾听。
- 无论我是否有能力去帮助别人，我都会沟通清楚。
- 我不会做家庭成员之间的调解员。
- 我不负责照顾别人的感受。
- 当我需要帮助时，我会寻求帮助。

◆ 关系边界 ◆

- 我们愿意善意交谈。

- 我们不会互相大喊大叫。
- 我们约定如果发生冲突，四十八小时内处理我们的问题。
- 我们之间彼此坦诚相待。

自我照顾边界

- 工作日，我不在午夜以后外出。
- 重要会议前一天的晚上，我不喝酒。
- 每周我至少给自己留一个晚上写日记和练习自我照顾。
- 每周我会和恋人以外的朋友们一起共进晚餐。
- 每天我都会给自己留出一段安静的独处时间。

约会边界

- 如果感觉不安全或事情不对劲，我会把第一次约会的地点定在那些随时可以离开的地方。
- 我要求第一次见面安排在公共场所。
- 第一次约会时我不喝酒。
- 决定开始一段忠诚的关系之前，我不会轻易发生性关系。
- 坦率地说，我只对真正寻求忠诚伴侣关系的人感兴趣。
- 我不会和那些有药物成瘾问题的人约会。

回答以下问题，了解自己对边界的理解

人们都说要无私，所以我们逐渐相信有边界是自私的，甚至是卑鄙的。为了在表达需求时感觉自己有能力，我们必须先了解自己对边界的理解。以下的日记问题旨在帮助你发现你个人对边界的理解，以便你可以信任自己并自信地表达自己的需求。

- ◈ 你认为边界是干什么用的？
- ◈ 你会把边界误认为是心墙吗，你是如何判断的？
- ◈ 你还记得过去为设定边界而感到内疚的时候吗？
- ◈ 你相信边界会让你变得强大吗？如果答案是肯定的，你相信自己的力量吗？
- ◈ 如果你有能力，会伤害别人吗？

你可以为周围的世界设定边界，但如果在你的内心深处，你认为边界是卑鄙或自私的，你很可能永远不会说出自己的边界。有时候，我们没有设定边界，是因为我们害怕自己的力量或愤怒。我们设置严格的边界，是因为我们害怕被利用，或者因为我们需要给自己的控制模式松绑。没关系，慢慢地练习，慢慢地前进，你是可以为自己设立健康的边界的。

练习的最好方法之一是给自己设定和保持小的边界。你可以先从自己生活中想要改变的方面做起。比如：

- 限制自己的酒精摄入量。
- 每个月存一点钱以备不时之需。
- 在工作中给老板设置边界。
- 坚持定时做拉伸。

这些事在宏伟计划中看起来微不足道，但这只是一个开始。保持并尊重你为自己设定的边界，它会让你成长为你想成为的那种人。

- 边界可以强化关系。
- 为相处较长时间的关系设定新的边界需要有耐心。有时候，关系会发生调整；有时候，关系会结束。
- 你完全有权设定、尊重和表达你的边界。
- 你的边界会随着你的成长而转换和改变。
- 你可能很擅长在某些关系中设定边界，而在另一些关系中则不然。这可能表明那是需要你注意的领域。
- 你第一次开始设定边界时，可能会让人觉得你咄咄逼人。请继续尝试，并以一种对你来说是真实的方式来训练你的能力。
- 没有人是完美的。你永远也不可能百分之百的正确，其他人也不可能。
- 没有人能读懂你的心思。你有责任清晰、直接地表达你的边界。

- ....
- ....
- ....

第 13 章

明确你的要求，阐明你的期待

我们生活在一个充满选择的时代。现在每天都有几十个新的约会应用程序面世，想找到一份稳定的感情并安顿下来变得很难。对于"绝不妥协"的一代人来说，"永不满足"成了这个时代颇为负面的标签。在无休止地追求完美关系的过程中，我们忽视了这样一个现实：没有人能满足我们的每一个需求，为我们提供源源不断的幸福。

人与人之间的相处总是有喜有忧，有开心的日子，自然也会有沮丧的时候。如果我们能够在开启一段恋爱关系时有清醒的认识，有现实的期望，那么我们就有勇气和耐心去应对恋爱关系中的挑战。我们将通过与伴侣相处，学到对自己有引领作用的经验和教训。

如果你不知道自己的期望是否合理，该怎么办？你是真的要求太多，还是得到太少？你怎么知道自己设定的标准是太高还是太低？每个人都是独一无二的，在一段关系中你体验到感动的事情可能与对方

表达的初衷非常不同。鉴于此,与其列出"期待事物"的具体清单,不如采取更为冷静的方法,把智慧和自我意识带到我们的人际关系中。

多数时候,我们在爱情中遇到的障碍都与恐惧有关,害怕被抛弃、害怕失去爱、害怕给予的爱不够、害怕付出得太多……这些恐惧会以各种方式表现出来,最常见的是委曲求全或期望过高。本章的内容旨在帮助你了解你在哪些方面应该保持健康的期待,自我尊重;在哪些方面应放下固执僵化或不切实际的期待,避免过度自我保护。

追求完美是一种自我保护的策略

如果你总是期待伴侣成为我们的一切、满足我们100%的需求、永远理解我们、永远不冷淡,那我们就会永远不停地寻找爱。你不可能找到一个符合以上所有描述的人,这与你有多努力无关。说白了,这种人根本不存在!

世上没有完美的伴侣。没有那种时刻都意识清醒、永远不会伤害到你的感情、时刻响应你的一切的人。成长就是要认清这个现实,请视你的伴侣为人类,爱他们的所有表现。

当我们与某个人共同开启一段你情我愿的恋情时,奇迹就会发生。这段恋情会有一路的颠簸,在同行的路上,我们有无数种方法可以守护自己的心,也可以撕碎别人的心。

追求完美是一种自我保护的策略,是一种悄悄远离爱情、肯定往事、避免暴露伤口的方式。处于最有能力的自我状态时，用现实和综合的视角来看待健康的关系，我们就可以以设定边界、尊重自己的情感需求，同时也接受伴侣不完美，但这不代表我们要放弃标准或不追求爱的品质。我们理应得到一位情感上随叫随到、忠诚、诚实、愿意协力对抗艰难的伴侣。

可就算是最和谐的伴侣，也会有让这段关系面临挑战的差异。我们必须允许差异存在，学会欣赏差异给我们生活带来的不同，因为伴侣与我们不同。出奇的是，我们在开始一段关系时，伴侣最吸引我们的事情，往往是我们后来最纠结的事情。

不完美恋人

我曾经和一位名叫娜迪亚的女士在小组会议中一起工作。她很强势，善于表达，并且非常清楚自己想要什么样的伴侣。我一见到娜迪亚，就感觉到她对自己运筹帷幄、直言不讳和自信不疑的能力非常满意，然而，她抱怨说，在约会时，她的约会对象并没有向她提出太多问题，也没有按照她想要的方式追求她。于是，她只好不断地问他们问题，分享她自己的情况，虽然这些男士喜欢她，也经常赞美她，但他们并没有像她所希望的那样主动。

恋爱中的每个人都有自己的特质，会体现出土、气、火、水中的某一种元素特征。娜迪亚吸引的对象更多是水元素类型的，而不是火元素类型的，所以这些人没有表现出她所希望的能量特性。我建议她给他们留出空间，少问一些问题，让他们更多地参与到她所提出的话题中来，如果他们不愿意，就结束谈话。

当娜迪亚和我进一步探讨这一点时，她告诉我，她非常向往我和本杰明之间的关系模式。这也启发了我，我让她一点一点进入我的世界，让她知道我和本杰明的关系也有很多挑战。"你可能没有意识到，本杰明最吸引我的地方是他的热情和领导力，但这也是最能触发我不良情绪的东西！"我告诉她。

我一直想找到一个能够计划冒险、带头行动、公平大度的伴侣，本杰明在这些方面都表现得很好。而我对自己所表现出的火元素特质感觉非常满意，我有很强的独立性，但也非常敏感，渴望伴侣具有水元素特质，在生活中能更温柔。但对他来说，最难对付的元素就是水！所以，我们的任务理所当然是学会一起驾驭情感，他要学习让我参与，我则要对他保持耐心和善良。我们越是放松地接纳，事情就越迅速地向好的方向发展。

娜迪亚聚精会神地听着我分享，她的身体姿势明显放松了。"我觉得你说到了点子上，"她说，"我终于明白了。"我向娜迪亚建议，她应该遵循第3章中提到的关注自身元素属性的做法，保持自己的火型特质，同时引入更多水型特质的敏感。

在一段关系中，我们总有很多工作要做，所以问题不是"他们是否愿意接纳我的一切"而是"这个人是我愿意与他一起学习和成长的人吗"？

不切实际的期望：

- ◆ 永远不会有冲突。
- ◆ 你的伴侣会满足你所有的需求。
- ◆ 你的伴侣总是让你感觉很好。
- ◆ 你们永远不会伤害对方的感情。
- ◆ 你的伴侣能让你随叫随到。
- ◆ 当你大发雷霆时，你的伴侣会给你留出空间。
- ◆ 你的伙伴总是和你有相同的见解。
- ◆ 你的伴侣思考、行动的方式与你不谋而合。
- ◆ 你的伴侣会带走你的痛苦和磨难。

切合实际的期望：

- ◆ 与伴侣在一起时，你感到安全和受尊敬。
- ◆ 你们的关系是充满爱心、诚实和信守承诺的。
- ◆ 你可以在你们的关系中体验到玩耍、欢笑、快乐和信任。
- ◆ 你的伴侣乐于学习如何以健康的方式与你一起应对冲突。
- ◆ 你们的伴侣关系植根于共同成长的意愿。

- 你们的伴侣关系让你在冲突中感到安全、被理解和被尊重。
- 你的伴侣和你有相同和不同的兴趣。
- 你的伴侣会把这段关系放在第一位,但也会把朋友和家人放在优先位置考虑。
- 你们的关系要求你们双方都投入进来。

健康的关系也会有分歧与冲突

曾经有无数人沮丧地来找我,因为他们的伴侣说他们相信在正确的关系中不会有冲突,而我自己也曾这样确信。但我可以保证,所有的关系都会有冲突!

我们会害怕冲突、试图完全避免冲突,在争执发生时也不知道该如何保持冷静而不失自我。学习如何健康地处理与伴侣之间的分歧,可以让我们更好地思考,并与伴侣一起变得更加敏锐。把冲突看作是了解自己思想的窗口,就会得到更多疗愈的机会。

我们必须练习表达自己的期待。无论是在约会过程中还是与长期伴侣在一起,我们总会有无法同步、缺失线索的时刻。我们需要不断探索人际关系,得到想要的东西,同时学会软化、放松我们之间的控制。这是一门需要耐心和幽默的艺术。我们需要认识到,抓得过紧或期望事情以某种特定方式发展时,结果往往是生出怨恨或错过享受这种联系的机会。

如果你发现自己在人际关系中总是感到愤愤不平，那么可以肯定你心里塞满了期待，却有口难言。怨恨提醒我们要诚实面对自己的渴望，承认自己在哪些地方没有得到满足，并说出自己渴望的东西。

我的一个女性朋友分享说，她有一种"想很多"的倾向，指的是在脑海中与另一个人建立关系，实际上却没有直接与这个人对话，这就为误解和幻想留下了很大的空间。有时她确信自己和某个人在一起，后来发现人家完全没有意识到！当我们没有表达出自己真实想法时，就会出现这种情况。打破这种模式的最佳做法是把想法尽早说出来。

当你成熟起来时，你的期待也会发生改变

揭开我们的旧伤疤，在彼此的争斗和内心的挣扎中不断前行，这正是一段情投意合的伴侣关系开始的节奏。此时的我们不再需要更多的疗愈了，我们开始进入这段关系更深层次的精神领域。清理工作是完全必要的，但那并不是情感的终点。

情投意合的伴侣关系并不是说权力斗争再也不会发生，也不是说双方都有了极高的觉悟，不再有糟糕的日子，而是当一对夫妇感情（或每个人）成熟、相处和谐时，权力斗争的表现方式会发生很大变化。短时间的关系紧张很少会升级为严重的或旷日持久的冲突，因为这时的伴侣对能量的使用有更多的正念。

我们对很多事情的描述是不够真实的，例如有人认为"真爱"的

感觉应该像一场海啸一样高潮迭起。我们常常把从热恋初期到爱情稳定的正常过渡误解为爱意消退。因为蜜月阶段的很多感觉就像是美丽的肥皂泡。刚刚结识恋爱对象时你会花费大量的时间和精力探索和发现对方的一切,因为一切都那么新鲜、令人兴奋!

成熟的爱情并不意味着你不再被伴侣吸引,或者不再有紧张时刻、浓情时分,而是你有过的这些经历已经深入内心。成熟的爱情是一剂良药,它会给伴侣关系带去独特的成分,并引起变化。

夫妇之间如果因为伤害了对方的自尊心而感到烦恼,或者短时间的不协调,只要选择摆脱它,就能让它消失,并不会助长消极情绪。把你的目光投向远方,你的人际关系可以更美好,疗愈工作并不会永远让人感到艰难。

诚实说出自己的期待,建立有意识的关系

探索你对人际关系的期待,以此来帮助你理解生活中反复出现的模式。当你认识到哪些期待现实、哪些不现实时,你就为有意识的关系奠定了基础。请拿起你的笔和日记,然后回答下面的问题。回答每一个问题时请对自己诚实,并在需要的任何时候,回看第 10 章。

- 生活中你与伴侣是否经常发生冲突？你们的冲突是否激烈？
- 你认为你们的关系应该是什么样子？
- 在人际交往中，你经历过的最失望的事是什么？
- 当你调整一段时间后，会不会因为事情没有以特定的方式发生，最终不如你所愿而感到失望呢？
- 你从哪里知道事情应该是"按照这种方式发展"（例如从浪漫喜剧或从迪士尼动画片中习得）？

放下刻板的期待，试着从自己的核心价值观出发

"期待"一词的拉丁词根是 expectationem，意思是"一个等待"。期待被定义为一种强烈的信念，即某些事情会发生或将来会发生。但恋爱关系并不是以这种方式运作的，它们不能被计算、预测或定义。

不抱着刻板的期待，而让事情自然地展开，我们会得到更多的快乐。总是等着另一半说些什么或做些什么，就等于在让自己失望。我们可能会在脑海中编造一些场景，然后当现实呈现出不同时，就会感到心灰意冷。

进入任何情境、动态或关系时不带着明确、具体的期待，我们就

会更容易归于平和。人们并不总是按照我们的想法做事：说我爱你、说谢谢你、表扬你洗了碗、注意到你扫了地或你做了什么好事……这一切都不一定会发生在我们期望它发生的时候。总有一些时刻，我们可以选择放手，找到平和。

成为一个更加完整且有意识的存在，让自己从强迫或强加期待的想法中走出来。从自己的核心价值观出发，你就可以在工作、家庭和亲密关系中茁壮成长。在下一章中，我们将探讨你的价值观，以及在你人生的这个特定阶段，指导你作出选择的事物。

- 有时，作为自我保护的一种方式，我们的期待是僵化的或不切实际的。

- 你越自信，越有能力，就越容易以健康的方式平衡你的期待。

- 在健康的伙伴关系中，仍然会有不同步的时刻。在这些时刻学会接纳，是我们走向成熟的标志。

- 你可以得到你想要的东西。期待从伴侣那里得到爱、安全、信任、尊重和承诺，并不是不切实际的。

- 当你疗愈和成熟起来时，你的期待也会发生改变。也许你会发现，当事情没有完全按计划发生时，你也能轻易放手。

- 没有人能满足你所有的需求和期待。一个不能与你完全同步但许下承诺的人和一个显然没有兴趣出现的人，是有区别的。

- ....
  ....

- ....
  ....
  ....

第 14 章

定义你的核心价值观

我们生存的信念和指导原则是我们的核心价值观。对我们来说就是最看重的品质,如尊重、正直、诚实、忠诚和慷慨;也是我们人际关系的路线图,可以恰如其分地表现我们的特点,以及我们希望得到怎样的爱情。

你知道自己看重什么并坚持下去,你周围的人自然会清楚你的边界。知道自己的价值观意味着知道自己的需求,你不会无意识地接受周围人的价值观,指望别人来告诉你你是谁,你应该相信什么。

当我们陷入重复的模式时,常常是因为与我们的核心价值观脱节。我们可能会过度关注他人、寻求认可或者完全自我放弃,随之而来的是,我们丧失了吸引渴望的关系的能力。我们可能会觉得,坚持自己的核心价值观会冒很大的风险,但坚守价值观才会把匹配我们能量的环境、人和情况吸引过来、组织起来。

我坚定自己的价值观,最终合适的人来到身边

离婚后,我不再自暴自弃。长久以来,我一直勉强维持着与我价值观不符的关系,但我再不愿意偏离自己所渴望的了,这让我在人际关系中有了一种力量感,不是凌驾于其上而是蕴含于其中的力量。我觉得我可以百分之百地忠于自己,坚信自己的价值,不用担心被拒绝。如果必须付出代价的话,我已准备好独自度过寂寞的夜晚,单身很多很多年。

有一天晚上,我决定写下符合我价值观的伴侣关系。我想象着我想要的、与伴侣在一起的感觉,他们的品质,我们如何共度时光,以及我们的未来会是什么样子。我甚至描述了我们发生冲突的方式(顺便说一句,冲突并不总是按照计划进行)。我把这些都写在一张纸上,塞进了日记本里。

我写的最具体的事情是:他必须不喝酒。喝不喝酒对我来说很重要。在我的成长过程中,我看到了饮酒对我母亲和其他我所爱的人的影响。我的核心价值观之一是精神、情感和身体的健康,我想要一个同样秉持这种价值观的伴侣。当我把这一点告诉一位朋友时,他说:"你不觉得这有点不合理吗?找一位完全不喝酒的伴侣,这会让你很难找到对象,如果他只是在旅行时想出去和哥们喝几杯怎么办?"

"那我就不和他约会,"我回答,"很简单:这不适合我。

我想和一个完全不喝酒的人在一起。"

我写好那张清单后不久,就开始专注于自己的疗愈,有好长一段时间我没有和任何人约会。虽然也收到过邀请,但我很快就感觉到对方并不适合我。然后,我遇到了本杰明,我内心的某种东西马上就被触动了。几次约会之后,本杰明告诉我他十五岁时接受过康复治疗,那之后再没有喝酒。从我们相遇的第一面,以及随后的几年里,我真正意识到了愿望的力量。尽管人们告诉我那不合理,会让我更难找到另一半,但我对自己的坚定承诺最终为本杰明进入我的生活创造了空间。

我没有要求任何人做出改变,我只是在召唤一个与我人生哲学相一致的人,这就是我们想实现的对待约会和人际关系的方式。通常,当我听到有人说:"嗯,这严重限制了我的选择。"我的回答是:"太好了,你要找的本来就只是一个人!"

知道了自己的价值,我们就是有能力做选择的人

我们人类是复杂的生物。每当涉及爱情,我们就会找各种奇奇怪怪的方法设置障碍。就我而言,我说我想要一个不喝酒的伴侣,但我同样也可以轻松地把本杰明排除在外,比如"我可不想找一个进过康复中心的人"。要找到符合我们价值观的人并和他在一起时,我们反而会违背初衷,让符合我们价值观的人无法达到我们的标准。

我不建议你和一个还有成瘾问题的人约会，因为如果他们目前还把让自己成瘾的东西放在优先位置，那他们就没有能力处理诚实且脆弱的恋爱关系（即便他们愿意）。根据我的经验，与经历过 12 个步骤并完全康复的人约会或结婚，可能会得到意想不到的回报，因为他们已经完成了一件非常困难的事情——疗愈自己。和离过婚的人约会也是一样。

有些人离婚后变得怨天尤人。他们没有从自己关系的结束中吸取教训，而是继续重复他们过去犯过的同样的错误。我们很容易在早期分辨出这些人，因为他们对前任有一大堆抱怨，而在个人责任角度或从婚姻破裂中吸取到的经验教训却寥寥无几。但当我遇到本杰明时，他告诉我他知道自己要娶一个离过婚的女人。他认识到，一个经历过离婚的人会成为一个极佳的伴侣，因为他们已经经历过心痛和失落，通常这些人知道承诺和投入感情的价值。

明确自己想要什么，也要留一点回旋的余地给别人。当我们让自己的核心价值观成为指南针，不再盯住别人过往的细节、犯过的错误不放时，相信自己的选择就会容易得多。例如，一个人可能因不忠导致离婚，但随后埋头治疗，揭开童年的伤口，知道了很多不知不觉驱使他们这样做的原因。这关乎重视成长心态、自我意识和个人责任感。

有时候，背负最多的人会成为最细心、最敬业的伙伴。他们是那些了解自己的阴暗面、见过危机和痛苦、承受过损失的人。尽管如此，他们还是选择了疗愈和成长，他们明白人际关系需要耐心。不要因为一个人的过去而评判他们,相反,要看他们是否有勇气和意愿去奋力成长、诚实面对、重整旗鼓,去再试一次。

当我们知道了自己的价值,我们就不再是等着被别人选择的人,而是成了有能力做选择的人了。我们的观念从"他们到底喜不喜欢我"转变为"这人对我来说合适吗",我们相信自己想要的才是最重要的。我们不再展示自己的能量,而是让我们内心的需求指引方向。

大胆的、直白的,我的传奇情书

本杰明和我第一次见面的时候,我已经专注自己内心的疗愈有将近一年时间了。在我们交往一个月后,我开始觉得需要更加明确我们的方向。于是,我问他是否可以接受我用写信的方式把我所有的想法都告诉他,然后我们再面谈。在与他相处的这个阶段,我很清楚我不想隐瞒任何事情,从一开始我就想原原本本都告诉他。某种程度上,我是在试探他,看他愿意跟我走到哪种程度,而他也在用自己的方式考验我。只要我们都是有意识地去做这件事,而不是用吵架或猜测等无意识的方式彼此试探,这就是一段健康的交往。

于是,我给他写了一封信,讲述了我到目前为止的经历以及我对他的感觉。

我分享了我正在做的所有事情,透露了一些会触发我情绪的情况。我表明我有疗愈自己的责任,并不期望他为我做这些工作。但我也分享了他可以给予我的支持以及帮助我获得安全感的方法。

我告诉他我渴望在伴侣关系中做什么，我想一起创造什么，我愿意付出什么，以及我对爱的表现方式。

然后，我就把信发给他了。

我对这一切都感到很自在。但当我和我的女性朋友们分享这些事的时候，她们说："你是认真的吗？才过了一个月，你竟然真的敢这么做！"但我相信自己，我对我们之间的能量有很好的了解，知道对于这样的举动，本杰明是能够接受的。后来，在推动妇女团体组织活动的过程中，本杰明和我结婚了，这封信在我们的在线社群中成了传奇，因为每个人都觉得我的举动实在太大胆了。

在某种程度上，这确实是大胆的。我真的很冒险，因为我在一开始就如此直接地说出我想要什么。他只能说"是"或"否"，没有其他的选择，而答案很可能是"否"。

他收到信后，邀请我见面。他对我信里的每一个问题都写了回复。我们一起躺在一间点着蜡烛的房间里，他大声读着他的回信，最后，他停下来看着我的眼睛。我当时在想："这家伙太厉害了。"他告诉我他想为这段感情做什么，以及他期望我们能共同拥有的一切。那是一个非常美好的时刻，我看到这段感情符合我真诚沟通、坦诚相待和彼此尊重的价值观。

我也看着他的眼睛说:"你知道吗,我的感情受到过伤害,我离过婚。我不想浪费时间,我也完全尊重你的选择。所以,如果你不想和我建立恋爱关系,你可以拒绝。"

那时,他给出了肯定的答案,我们成了情侣。其中的关键是,我坚持自己的立场,给他空间和自由说"不",并以这种相对独立的方式来爱他。这种方法对我们有效是因为我们是相似的。有时候事情并不会这样发展,但是为你的正确选择扫清障碍的唯一方法就是遵从你的意愿。即使被拒绝,你也能走向你想要的生活。

核心价值观会随着我们自身的转变而发生变化

重塑你的核心价值观,是基于你的家庭规划来评估你所采取的信念或行为,学会把不属于你的东西放一边,这样你才能得到属于自己的东西。

我们从父母身上和文化传统中继承的一些价值观非常宝贵,它们为我们提供了丰富的认同感和归属感。但许多人不善于思考,一味地按照这些传下来的价值观去生活,从来不去评估我们的选择是否符合真正的自我。我们有着与父母不同的个性,我们要优先考虑那些能帮助我们感受到生命意义、对自己真实、与我们想要的生活相联系的价值观,这样我们才能获得完整的自我。

随着意识水平的提高，自我保护、服从、控制、坚韧和社会地位等我们之前几代人优先考虑的价值观，正在被暴露出来，接受审视。我们继承了许多强调个人主义和等级制度的价值观，它缺少公共、透明与平等。重塑核心价值观也是重塑我们的人性。大家都知道，每个人都有价值，这不是因为我们做了什么，而是因为我们是谁。

回想起来，我 19 岁的时候，曾与一个很贪玩的人有过一段不健康的恋爱关系。但我们之间并不真实，我们互相欺瞒、没有责任感、缺乏尊重。我们也没有同理心，没有情感上的亲密，也没有对自身和内心成长的承诺，而这些正是我现在生活中所珍视的东西。我开始意识到，在没有相似的价值观的前提下，只基于乐趣和性爱体验，是不足以和对方建立真正的恋爱关系的。

核心价值观会随着我们自身的转变而发生变化。我们可能需要评估哪些价值观已经从赋能表达转变成了影子表达（在人格阴影理论中的表达方式）。例如，慷慨在其影子表达中可能会变成过度给予和照顾；忠诚在其影子表达中会变得具有腐蚀性，并导致"殉难"和长期忍受不可接受的行为。

探索我们过往的经历能够帮助我们理解在以前的关系中，是什么驱使我们或吸引我们。它还能够揭示我们从家人或照顾者那里接受的哪些理念需要重新评估。世界上大多数人在进入一段关系之前从不花时间去思考他们的价值观，所以如果这是你第一次这样做，你已经超过大多数人了。

回顾和盘点你过去的价值观,是对自己过去的经历富有同情心的询问,这样你就能继续向前迈进,重新找回现在对你来说真实的东西。

回顾过去的经历,说出你现在的价值观

◆ 我从父母那里继承的,对我而言正确的核心价值观是_____。

◆ 我一直忠诚坚守的,从家庭环境中得到的,但对我而言并不正确的核心价值观是_____。

◆ 我一直拒绝忠诚坚守的,从家庭环境中得到的核心价值观是_____。

◆ 在一段关系中,我会优先考虑哪些核心价值观?

◆ 我容易忽视哪些核心价值观?

◆ 过去在选择伴侣时,我的选择表明我重视_____。

◆ 这些选择是如何影响我和我的人际关系的?

◆ 哪些核心价值观对我来说仍然很重要?

◆ 哪些核心价值观是我未来不愿意妥协的?

第四部分 认清自己的真实需求

有许多外部影响可以塑造我们的价值观，所以定期检查自己，记住那些在你人生各个阶段的大事。在第16章中，我将帮助你创建自己的"爱情地图"，它类似于一个愿景板，描绘你所向往的生活，以及你想在未来的关系中创造什么。了解你想要优先考虑的核心价值观将是此过程的一部分。

有许多核心价值观不在下面的列表中，但你可以通过思考，自己补充进去。这个列表旨在激活你内在的认知，以推动进一步的自我发现。

阅读这份清单时，请注意什么能引起你的共鸣，圈出或写下任何你认可、接受的词汇。此列表只是一个起点，当你继续走在"成为你自己的唯一"的道路上时，你会发现更多你的核心价值观，以及你想要拥有的特质。

丰富	平衡	承诺	接纳	美好
守时	负责	归属感	陪伴	确认
坦率	贡献	奇遇	挑战	创造力
感情	改变	家庭	赞赏	选择
自由	真实	清洁	友谊	自治
亲密	乐趣	意识	协作	慷慨
礼物	尊重	感激	冒险	成长
安全	和谐	保密	健康	认可

231

目标	希望	谦逊	自尊	自我接纳
幽默	敏感性	包容	性感	自我意识
独立	灵性	创新	灵感	自我表达
乐观	可靠性	诚信	宗教信仰	亲密时光

成为你想成为的人，就会吸引到同样美好的人

与价值观一致的生活体现出我们最关心的品质。我们总是第一时间向外看，向他人提出要求，但这项工作将要求你进入自己的内心，找到你可能偏离自我意愿的地方。

最常见的表现之一是我们与承诺的关系。如果我们非常渴望得到他人的承诺，我们首先得诚实地看待自己与承诺的关系。我们渴望在别人身上获得的任何品质，对方也期待在我们身上发现它。体现我们的价值观意味着你不只是"渴望这些品质"，而是"成为这些品质"。

当我们练习这一点时，我们会变得有"磁性"，会吸引那些与我们生活互补并拥有相似价值观的人。更重要的是，我们可以体验到真正的内心自由和满足，因为我们为自己创造的世界反映了我们的核心价值观。

传达我们的价值观是日复一日的修行。如果你欣赏富有同理心的交流，你会如何与他人练习做到这一点？如果你重视承诺，那么你在生活中会如何履行承诺？如果你重视游戏和冒险，你可以从哪里找到更多这样的人？

"成为你自己的唯一"不是要你独自去做。它是学习如何处理你与自己的关系，把它当作一条不断展开的魔法、真相和奉献之路吧。

- 核心价值观是一张路线图,它告诉你你是谁,它是你最自尊和最真实的部分。

- 核心价值观可以让你更接近你想要的东西,并帮你剔除不想要的境况和人。

- 公布你的核心价值观需要勇气!有些人无法与你的核心价值观匹配,这没关系。

- 害怕公布核心价值观的背后,是你担忧自己不值得或不够好。用滋养和爱战胜你的恐惧吧,记住你值得拥有美好的一切,你有能力创造内心渴望的恋爱关系!

- 你的身体可以帮助你辨别出适合你的或不适合你的东西。

- ....
  ....

- ....
  ....

- ....

Becoming the One

第五部分

建立新的
关系模式

PART
5

第 15 章

在关系中成长，在爱中锚定自我

恋爱关系是一个经过细致设计的自我进化器。不论这段关系把我们带向哪里，我们总能从中受益。这种关系会表现出我们的处事模式，但有时候也会不那么温柔地唤醒我们体内曾经沉睡的部分。带着意图和期许进入恋爱关系，可以为每一个有勇气渴望转变的人启动强有力的疗愈。

疗愈不仅是一个内在的工作，也是一个共同创造的过程，既需要我们在与人的联系中知进退，又要能够敞开心扉乐在其中。不要指望一切都弄清楚了才能接受爱意，因为那一天永远不会到来；也不用等到确定自己已完成了一切，毕竟你可能在这一生中重生千百次。疗愈永远需要，生活正在发生。深化你与自己的关系、成为自己的唯一，无须根除你对联系的需求或者对伴侣的渴望，只要你从身体里、心灵中、灵魂深处找到真正适合自己的休憩之所。

当我们的身体感到足够安全，最终释放保有的情感记忆时，就会发生真正的转变。为了发生这种转变，我们需要其他拥有健康和安全的神经系统的人存在。个性化的疗愈工作和精神教导是治愈自己进而治愈世界的途径，但如果没有友谊、社交和恋爱等关系的治愈力量，就无法做到这一点。

感觉自我厌恶或者对恋爱完全不抱希望时，我们就变成了"在垃圾箱里翻找爱"，有可能就满足于一些"残羹剩饭"一样的爱。我们想从一个明确、坚实的角度去选择伴侣，但我们的处事模式并不会突然消失，它们只是在塑造、转变的过程中。通常，当我们遇到一位可以一直同行的人时，一种全新的运作模式就诞生了。

我为一些人做心理疏导工作，他们经常担心自己没有准备好去迎接一段新的恋爱关系，或者会觉得自己应该在遇到某人之前完全完成疗愈。要知道，疗愈这项工作，没有人曾完成过。

我们可能会觉得自己的伤口终于愈合，想通了某些事情，可是一旦我们进入一段关系，一切又会像潮水一样回到我们身边。我们不能靠自己解决所有问题，与他人组成伴侣时，总会有更多的东西需要我们去探索。

如果你不确定自己是否已准备好进入一段恋爱关系，与其评估自己是否"痊愈"（这是一个陷阱），不如问问自己："我是否有能力对不喜欢的事情说不？"或"我能靠自己获得快乐，而不是想填补空虚吗？"。如果这两个问题的答案都是肯定的，那么你已经准备好了；

如果答案是否定的，请考虑在自我培养行为方面花更多的时间，这样你就可以自信地告诉别人你想要什么。

扫平前进路上的障碍，就是要修复那些让我们宁愿忍受熟悉的痛苦，也不敢选择未知的快乐和幸福的伤口。在这本书中，我们揭示了什么是支配我们的模式，又是什么在我们的生活中制造了痛苦。现在是时候拥抱美好爱情，并为与他人相处建立一个全新的范例了。本章致力于创造一个新视角去重新看待人际关系及其在我们生活中的目的。

两种更强大的新关系模式：吸尘器关系和输电网关系

为了摒弃旧的关系模式，建立更强大的新关系模式，我们必须知道什么是吸尘器型关系（传统的、非增长导向的）和输电网型关系（有意识的、增长导向型的）之间的区别（见表 15.1）。

表 15.1 吸尘器关系心态和输电网关系心态具体表现

吸尘器关系心态	输电网关系心态
○ 伴侣可以解决我所有的问题，他们可以带走我的痛苦。	○ 我对自己的问题有清醒的认识并着力解决这些问题，不需要我的伴侣为我解决这些问题。
○ 当我找到"命中注定的人"时，我过去不好的关系模式自然会消失。	○ 找到"命中注定的人"后，我仍然需要研究我的模式。

续表

吸尘器关系心态	输电网关系心态
○ 没有伴侣，我就不完整。	○ 我本就完整无缺。
○ 伴侣应该满足我的所有需求。	○ 知道伴侣不可能满足我所有需求。
○ 发生冲突时，有人对，有人错。	○ 冲突是了解自己和伴侣的机会。
○ 感情不幸福与我无关。	○ 我对自己的幸福负责。
○ 即使我不说，我的伴侣也应该知道我想要什么。	○ 我有责任告诉伴侣自己需要什么，并提出要求。
○ 伴侣之间有误解，说明他们不在乎我，也不爱我。	○ 伴侣的言行不能定义我或我的价值。
○ 保守秘密不是要说谎，只是没有凡事都告诉他们。	○ 坦诚是关键。我允许伴侣进入我的世界。
○ 去治疗意味着我们有问题。	○ 可以请求帮助和寻求支持。
○ 我倾听对方说话是为了回应。	○ 我为理解而倾听。

是什么让一段关系变得有意识？首先，恋爱关系中的两位都必须把自己过去的情感关系处理得干干净净。这始于学会观察自己的头脑，成为自己想法的见证者，不要对自己的每一个想法都做出反应。没有哪个人能在人际关系中做到百分之百有意识，但那些体验到最轻松和最喜悦感觉的人，也正是那些对自己的情绪和行为高度负责的人。

他们有足够的自信，知道自己是做错了，是在投射，还是只是那一天不太开心。

我们必须在头脑和心灵之间架起一座桥梁，以便我们可以认真思考自己的想法，学会知道什么时候应该放慢脚步，相信自己身体的智慧。

吸尘器型关系很多时候都是为了解决孤独感或不适感，是一种对缺失之物的渴望。输电网型关系，或者称之为有意识的关系，是一种实体：它能以传统关系根本无法实现的方式在灵魂层面滋养我们。当谈到照顾和促进我们关系的能量时，我们必须以互惠为基础。

在吸尘器型关系中，为满足自己对认可和爱的需求，所有的能量被我们吸入。最终，我们在当下感觉良好，但当可吸入的能量不再持续出现时，我们就可能会责怪伴侣，继而发现自己又回到了另一场与伴侣的权力斗争中，或者会执着于搞清楚哪里出了问题。当一方或双方都专注于获取能量，最终就双方都没有什么可以给予的了，我们会从一个伴侣转移到另一个伴侣，无休止地追寻那个"能解决我们的问题并让我们的痛苦消失的人"。

在输电网关系中，伴侣成为互惠能量的来源，为我们的目标提供动力，并使我们能够为世界提供服务。输电网关系帮助我们在精神和情感上获得成长，虽然它并不是那么容易。这要求我们进入自我意识的深处，去除关于恋爱关系"应该"是什么样子的旧观念。

恋爱关系会经历的 5 个阶段

所有关系都会经历不同的阶段，但恋爱关系中的所有阶段都会被放大，因为它最为重要。

当我带你进行疗愈时，你可能会在很多阶段甚至所有阶段中看到自己过去或现在的关系。尤其是家庭权力的斗争，我们大多数人会多次在同一处碰壁，直到投降认输，继续去寻找另一个"唯一"。最终，我们会用自己的模式耗尽自己。停下来，开始自己的疗愈，让我们打破这个循环，成为自己的能量来源，进入一种全新的关系模式。

我们都想要一段关系的蜜月期（春季），喜欢新鲜事物，充满能量、激情和神秘感。我们并不知道长期关系是有阶段和周期的，就像地球上的其他生物一样，所以当秋冬季节来临时，我们常常会感到挫败、失落、迷茫。不断自问：爱去哪里了？激情为什么消退了？甚至猜想我们已经不再相爱了。我们犯了一个严重的错误，认为发生季节转换时关系就结束了。我们没有去接受变化，放弃需要放弃的东西，没有为关系中产生新能量而创造空间。

关系注定会转化、改变、脱落和更新。我们需要接受这样一个事实：秋天和冬天终将到来，我们需要收集资源和沟通工具，以便在寒冬来临时渡过难关。以正确的心态去接受伴侣关系中每一个阶段的循环，会比我们只经历情感的最初高潮部分更有价值。以下是进入伴侣关系的人都会经历的情感阶段，除了无关系阶段，其他的阶段都不

是固定的,它们更像是一种模式,比如蜜月期、权力斗争期、模糊地带和有意识的关系期,这些阶段都不是线性的或者固定的。

在一段关系中,我们可能只经历其中一个阶段,或者经历所有的阶段,也可能随着我们的成长与另一半一起遭遇新的挑战,我们会在不同的阶段中循环往复。我们都希望最终会在有意识的关系领域,也就是真正的人生伴侣阶段着陆,这也正是本书为你准备好的内容。

◆ 无关系阶段 ◆

无关系阶段是常见关系模式的一部分,但不是每个人都会经历这个阶段。与我共事过的女性告诉我,处于这个阶段时,是永远无法达到开始一段恋情的状态的。

这看起来就像是在"朋友区",要么约会了很多次,但从来没有找到让他们兴奋或产生亲密关系的人;要么遇到看起来很般配的人,但很快发现存在根本上的不协调,或者出现严重的危险信号。这个区域也可以表现为在约会时难以感受到任何东西。对对方没什么兴趣,总是发现对方有什么"不对劲"的地方。

这些是发现自己在无关系阶段徘徊的人的相同经历。结束这一循环首先需要愿意主动感受自己的身体,并将注意力转向安全感,这样才能让自己的内心柔软并真正敞开心扉。

蜜月期

蜜月期是一个美妙和令人振奋的阶段。当我们第一次了解一个人，我们的身体会分泌大量的催产素，促使我们给予和接受更多的能量、关注和赞美。虽然蜜月期充满乐趣，但这里也有一些需要谨慎处理的问题。

我们通常从理想化我们的伴侣开始进入蜜月期，似乎他们说什么做什么都不会困扰我们。我们会沉浸在认识这个新人的兴奋中，以至于忽略了危险信号，忽略了为数不多（或者也不是那么少）的不协调，忽略了我们身体所发出的信号。最终，当我们开始认真接触对方时，我们的小我就开始对自己的核心创伤做出反应：我们开始挑剔对方，并表现出来；或退回到我们旧的应对机制中去，如焦虑地追逐、避而不见或煽动冲突。

蜜月期是最富激情和"浪漫"的阶段，尽管这段经历大部分是幻想被投射出来，由想象力控制全局。但通过阅读本书，你会学到用不同的工具和练习来保持头脑与身体的连接，省察你的头脑，即使在能量很高时也要保持清醒。这不是让你不能享受这个阶段，而是说你可以先照顾好自己、并在保持自己真实的价值观的前提下享受这个阶段。

◆ 权力斗争 ◆

在这个阶段,我们开始更深入地与一个人建立关系。这时让人快乐的化学物质开始逐渐减少,日复一日的现实开始出现。现在,我们不再受荷尔蒙或生理冲动的支配,我们可能会开始以不同于最初看待此人的方式看待他们。在这个过程中,我们的自我会表现出来,此时内心最深处的创伤就容易被对亲密的恐惧所激活。

几乎所有人都需要以某种形式来修复自尊。那些有过童年创伤、失去父母或者被遗弃的人,通常会相信自己在某种程度上是破碎的,或者是不值得被爱的。自我对这些恐惧的反应可能是无意识地把爱推开。在权力斗争阶段,创伤更严重的伴侣可能会从创伤和恐惧出发做出反应,而不是从心中彼此的相处出发做出反应。要走出这个阶段,两个人必须都致力于内心建设,并为彼此的疗愈承担个人应负的责任。

◆ 模糊地带 ◆

在模糊地带,两人的关系开始趋于平缓。这种情况发生在伴侣依然生活在一起,但双方已经停止投入努力的时候。在这个阶段,双方可能会感到无聊、自满或充满怨恨。情侣们要么分手,要么陷入平庸,直到某些动摇局面的事情发生,比如说婚外情、精神觉醒、危机，或者可能只是其中一人无法继续忍受了。哈维尔·亨德里克斯（Harville Hendrix）和海伦·拉凯利·安（Helen Lakelly Hunt）把这个阶段称为"平行空间"，我过去的老师 P. T. 明茨伯勒博格（P. T. Mistbleberger）称之为"死亡地带"。

虽然长期的伴侣关系也偶有问题，但如果彼此敞开心扉并愿意维持这段关系，也不一定会踏入模糊地带。对于那些身处模糊地带的伴侣来说，需要转移双方的能量，发展出超越这个阶段的关系。在这个阶段，大多数情侣需要优先考虑将玩耍和兴趣方面的精力重新注入生活，回归伴侣关系。此外，还需要清除彼此间的怨恨，努力做到诚实相待，这样能量才能再次在他们之间自由流动，双方的关系就可以超越模糊地带，进入有意识的伴侣关系。

◆ 有意识的关系：输电网 ◆

进入有意识的伴侣关系时，双方之间会形成一种相互回报的友谊，双方各自产生出能量，同时分享真实的自我感受、一起促进成长。此时，伴侣之间的关系会日趋成熟，不再需要通过验证获得认可，双方会成为功能完备、完整无缺且有辨识力的人。伴侣不再是你的拐杖或藏身之处，这种关系既有启发性，又有包容性，它会成为你们成长和发展的空间。

> **回顾过去的关系，看看你经历过什么关系阶段**
>
> 回顾第 9 章有关关系模式的练习，并将你的发现与关系的各个阶段联系起来。在过去的关系中，你最了解关系的哪个阶段？你有没有过有意识伴侣关系的经历？如果有，你和你的伴侣有什么不同的表现？

成为你想约会的那种人

我的一位导师曾在教室前面的白板上写下："你会和你约会吗？"看到这样的问题，我们咯咯笑个不停，但一想到真的要和自己约会，大家都会坐立不安。这正是自我意识和换位思考的心态在作祟。

当我们坦诚面对自己时，会发现我们在恋爱关系中的表现行为并没有满足自我的最大利益。"完全彻底"（radical）一词的拉丁语起源是"根"（root）。这表明真正的诚实必须超越外在的表象，进入我们的内在核心。要做到绝对诚实，我们必须对自己绝对负责。要想认识到阻碍我们关系发展的内在破坏者是需要勇气的，认识它能让我们成为更安全的自己。

当然，你肯定不想和一位与你一模一样的人约会。因为那会很无聊，而且你们能从对方身上学到的东西也很少。这就是为什么我们会吸引那些具有与我们互补或完全不同品质的伴侣和朋友。因为他们会带我们体验一种与自己略有不同或完全不同的处事方式。是不是感觉很棒？这给了我们扩展、学习和成长的空间。

我们都知道和一个痛苦不堪、生活封闭、对自己的生活和伴侣很消极、很挑剔的人在一起是什么感觉。很多人就是在经常伤害家人的家长陪伴下长大的，这些家长选择了错误的生活方式，忽视自我照顾，所以我们也会受到他们的影响。我们也知道与一位对生活有清晰的认知、有为他人服务的意识的人在一起生活是什么感觉，这种人是真正关心他人并了解其价值的人。

我们知道一颗封闭的心和一颗开放且温柔的心的区别。成为你想要约会的那种人吧，去表现出你在他人身上想要找寻的那种品质。

带着真实、坦诚和开放的心态进入新的互动关系就是有意识的约会。我们需要放慢脚步，在进入伴侣关系之前更深入地了解彼此并相互评估。对于时常感到焦虑的水型伴侣来说，这可能会令他们感到不安。当我们想要摆脱焦虑时，会急于建立关系来确保承诺。对于风型伴侣，或有回避倾向的人来说，这种方式也会令人感到恐惧，因为这意味着双方要经常保持连接，他们不能在分离中寻求安慰。

调整当前的状态，你会自然而然地进入到另一种新的元素状态，这将是你下一个课程。不论什么时候，如果这种情况发生了，请为之欢庆，因为这意味着你正在获得疗愈。

有意识的约会是:

- 保持真实。
- 倾听你的身体。
- 对自己诚实可能意味着你会更经常地听到"不"。
- 花时间深入了解某人。
- 提出关键性问题,保持对对方的好奇心。
- 参加符合你的个性和身份的约会。
- 通过散步、喝茶、聊天,观察和某人"在一起"的感觉。
- 练习设定边界。

确定关系时要问自己的问题:

- 我喜欢这个人对我和对其他人说话的方式吗?
- 我是否真的了解这个人,知道他们的过去,以及他们在爱情和亲密关系上的核心价值观?
- 这个人可以成为我亲密的朋友吗?还是只是一种性吸引?
- 我想从这个人身上得到的东西是来自他无意识的行为吗?
- 我是想让他们告诉我我足够好,确认我的价值,或者以某种方式认可我吗?
- 我是否感到轻松,并且对这个人讲述自己时感觉很安全?
- 和这个人在一起玩得开心时,可以开怀大笑吗?可以开玩笑吗?这种交流是否感觉很放松?

伴侣是互相协助，共同成长的

种子播下，你需要每天给它浇水，它需要更多的关注和护理才能发芽。当幼苗长出，变得越来越强壮时，你可以少浇点水，但仍然需要为它除草，并时常给它施肥，等它长大后，它才会给你带来食物。它的营养来自你为让它健壮生长而投入的能量，以及阳光、土壤质量、天气等外部环境。如果你长时间对它不管不顾，或者让它处在不适合生长的环境，它就会死掉，什么也长不出来。和种植物的方式类似，我们与他人关系的处理也是这样。

我们需要照顾关系，同时也让它们滋养我们。而且要记住的是，你在花园里播种，也会发现总有一些种子根本不发芽，生活就是这样。并非生命中的每一段关系都注定要一直走下去；有些未开始，有些未结束，但一切都是可以预料和接受的。每一个出现在你生命中的人都会给你带来益处，不论这段关系是长是短，有意识的关系都会带给我们试炼。

本书所说的恋爱关系是需要我们走出去寻找的东西。**伴侣的出现是为了让双方互相协助，使双方完整。**我们很少能看到一段恋爱关系的本来面目：一种神圣的、带有自身能量和频率的东西。

在开始的时候，处理恋爱关系很容易，但当我们感到舒适时，可能就会忘记继续投入精力。这就是恋爱关系停滞的原因，我们之间不再有化学反应，权力斗争开始渗透到关系中，我们开始怀疑爱情是否

已经消失。事实是，如果你想让人际关系不断地给你能量，你就必须为人际关系提供能量。

有意识的伴侣关系：

- ◆ 每天都做出愿意敞开心扉的承诺。
- ◆ 尽力提升自我意识和承担个人责任。
- ◆ 努力修复过往的创伤。
- ◆ 有时会做错事、说错话。
- ◆ 对于过往创伤所做出的反应，愿意给予同情。
- ◆ 能够认识到自己何时投射了恐惧和评判。
- ◆ 愿意道歉。
- ◆ 学习如何在冲突中表现出更多的自我意识。
- ◆ 练习接纳与宽恕。

- 吸尘器型关系是只取不予,我们将对方视为能量和验证的来源。
- 输电网型关系建立在互惠互利的基础上,并在目标、服务和爱中锚定自我。
- 我们可以通过建立友谊和服务社会来练习有意识的关系,不一定是在浪漫的恋爱环境中。
- 有意识的关系需要持续表达对诚实、个人责任和内在意识的承诺。
- 所有的关系都有周期性和季节性。我们可以在感情的低潮期学到很多东西,进而变得更强大。
- "成为你自己的唯一"意味着拥有自己的力量,散发光芒,并尊重自己的真实情况。

- ....
  ....
- ....
  ....
- ....

第 *16* 章

回归真实自我，完成疗愈旅程

如果你的梦想是生活在大自然中，居一处陋室，自给自足，家人团聚，平静度日，那很好；如果你的梦想是不落俗套的旅行和生活，那也很好；如果你是一位灵性探索者，希望潜心探究某些领域的深度，那依然很好。

当我们选择了跟自己的梦想和价值观保持一致的生活时，就会从灵魂深处理解自己的价值。敢于发声的人是不可阻挡且鼓舞人心的！在我们的社会中，很多人是将自己的欲望隐藏起来，最后考虑自己的需求，满足于所得到的东西，但我知道，你不是那种人。

与我们在媒体上看到的相反，对自己和梦想充满信心的人并不会事事昭告天下，他们是安静而自信的，对自己内心深处想要的生活有明确的认知，他不需要任何人认同或许可，他与自我深度相连。

自我认知的美妙之处在于，我们与自己建立这种强大的关系会引发其他人效仿。当我们不再按照他人的评判、期待去生活时，就扫清了日常生活和人际关系道路上的障碍，成为真实自我，不再反映过往创伤。我们的生活将成为自己内心建设情况的映射。

爱情地图：提醒你记得为生活和未来设定目标

我在疗愈辅导中的最大收获是：运用爱情地图帮助他们坚定地守住了自己的边界，并跳出了在伴侣关系中不断陷入恶性循环的怪圈。它就像一个指南针，引导他们从自己的价值中选择爱情。

爱情地图可以指导伴侣相处中的每一项决定

罗斯是一位 67 岁的心理治疗师，她也参加了我的"成为你自己的唯一"项目。离婚近 20 年后，她遇到了一个男人，这人经常给她送礼物，把一切都计划得井井有条，这让她觉得自己被照顾得很舒心。

但是 5 个月后，这个人却莫名其妙地突然失踪了，罗斯彻底崩溃了。在参与我的项目的过程中，她收拾起破碎的心，把它们拼凑在一起。"我以前做过内在小孩练习，"她说，"但直到现在，我都没有真正以这种方式与我的内在小孩对话过。我很惊讶，我内心的小女孩最想要的是她的爸爸。"正是通过这些对话，罗斯才意识到，这段 5 个月的感情之所以让她感到如此振奋，是因为那种被供养的感觉，就像父亲会为女儿做的那样。

罗斯说："我开始为自己和内在小孩计划约会，并真正倾听她的意见。有一次我带她去买东西，我说'你来挑选我们的新凉鞋吧'，这双凉鞋上当然要有闪闪发光的亮片！"罗斯微笑着把长长的银发拢到耳后，继续说，"我终于明白，我受伤的这一部分需要被我，而不是被一个男人看到并保护。"罗斯还用彩色铅笔画出了她的内在小孩，画了一张她的"有意识的爱情地图"——一张描绘了她的期望、她的核心价值观和对未来关系的图解地图。看着这张图，她就会提醒自己，要温柔地疼爱自己，要忠于自己的欲望。

在她的爱情地图完成后不久，她遇到了一位名叫斯坦的好男人。她说："我们讨论了安全和尊重我们内在小孩的需要。"他们花了几个小时谈论亲密关系。第二次约会时，斯坦分享说他对罗斯有感觉，这令他感到害怕。她回应他说自己也感到害怕，但她真的关心他。"那天晚上，我告诉他，我上一位恋人是如何玩失踪的。我要求斯坦，如果他还没有准备好谈恋爱，请他直接告诉我。"两天后，斯坦打电话给罗斯，说他想结束这段感情，因为他还没有准备好。结婚30年后，他才单身2年，他需要更多的时间。

"他具有那么多我的爱情地图上的特质，"罗斯说，"他是一个诚实的人，重视个人的成长和安全。他信守诺言，我也足够坚强，可以去追求我想要和需要的东西。在告别电话的最后，我为自己所学到的一切感谢他。斯坦给了我一个练习发展健康关系的机会。虽然短暂，但却是我 67 年生命中第一次有意识的恋爱关系，现在我知道我已经准备好接受真正的感情了。"她说着，绿色的眼睛里充满了幸福的泪水。

"我用我的爱情地图来指导与伴侣相处中的每一项决定。这张地图让我清楚地了解自己在爱情中想要什么、需要什么。有一张地图，无论你走在哪里，都会让旅途更轻松！"

罗斯的故事很好地说明了致力于与自我的关系时会发生什么。她向我们表明，敞开心扉永远不晚，即使一段感情不能永远持续下去，我们仍然可以提升洞察力，对未来保持开放心态。

现在，是时候创建你自己的爱情地图了。这是一个创造性的过程，旨在将你与你的内心、本质以及你真正想要的东西连接起来。爱情地图应该是一些具体的提醒，提醒你记得为自己的生活和未来所设定的目标。

第一步：想象你想要的爱

选择一个你感到平静和踏实的时间来完成下面的问题。点一支蜡烛，给自己泡杯茶，播放些音乐，让音乐流动起来。如果你不确定某个问题的答案，给自己一点时间，反思一下你在第 14 章中发现的

核心价值观。当你写完后,把答案读给自己听。

- 你对一段充实的关系有什么看法?什么样的关系会给你满足感、轻松感、联系感和亲密感?
- 如果你不害怕在爱情中说出你真正想要的东西,你会许什么愿望呢?(不要退缩,只要想象就可以。)
- 你想吸引什么样的人作为伴侣?(尽可能详细地描述你脑海中浮现的性格特征。)
- 在你们的关系中,你希望以什么身份出现?你想要什么样的感觉,你想要怎样的表现,你的伴侣会有什么样的体验?
- 你愿意怎样共同创造健康和充实的关系?你会用什么方式来促进这段有意识的关系?
- 当时局变得艰难,当冲突出现,或者当旧伤被触发的时候,你将怎样表现?(认真考虑:你将如何驾驭冲突;你将采取什么步骤;你将怎样支撑自己和你的这段关系?)
- 你想怎样去爱?对你来说,爱一个人看起来是怎样的?有什么感觉?
- 你想怎样维护你的边界?(详细描述你将如何表述、何时表述你的边界。)
- 你会被爱还是被恐惧所引导?被爱引导是什么样子,被恐惧引导又是什么样子?

◈ 你怎么判断一个人是不是你的梦中情人？（试着闭上眼睛想象一下。你的身体会有什么感觉？）

第二步：生命中的日记

做好了上一步的准备，这一步就是要把你想要的理想关系和生活写出来。读到此处就请动笔写下来吧！就好像现在你已经活在理想生活中，拥有你想要的一切那样。

要富有想象力，越详细越好，描述你的未来，就好像它已经发生。未来生活中的一天会是什么样子，什么感觉？写完请把它折叠起来，放在安全的地方，只有你自己能看到。

第三步：制作你的可视化爱情地图

在这个过程中，你已经具象化了内心最真实的渴望。完成这最后一步，让它成为你整个身体都能参与其中的仪式，不要只是脑中想想。我见过世界上各种各样的人的爱情地图，都很有创意。按照自己喜欢的样子制作爱情地图吧（见图 16.1）！

这个地图不仅是你梦想中的爱情关系地图，还是你和自己以及周围世界的关系地图。当然，选择制作一张主要关注恋爱关系的地图也完全可以。这个过程是为了让你从以逻辑思考为中心的思维模式转换成兼顾情感和想象力的模式。你可以把你的爱情地图装进相框，挂在你的房间里，贴在冰箱上，或者把它放在书架上。

爱情地图是多年前我离婚时设计的一个流程。我就是用这个流程来指引我与本杰明的关系。当你为生存于世开辟出一条新路时，爱情地图就会是你的灵感和鼓励。

▲
斯蒂芬妮的爱情地图：
展示和谐、灵魂伴侣的主题

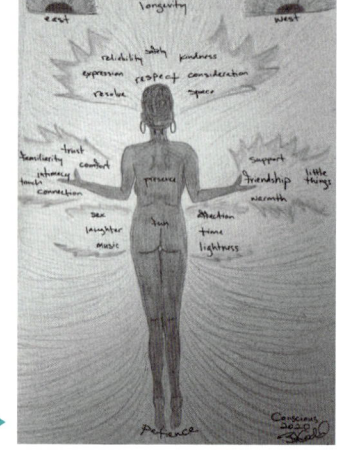

布朗文的爱情地图：
展示自信、尊重的主题 ▶

图 16.1　爱情地图范例

思考以下问题：

◆ 你希望如何表现自我？

◆ 你希望伴侣如何表现自我？

◆ 你发现了哪些核心价值？

◆ 在恋爱关系中你最渴望的是什么？

◆ 你想要给予和接受哪些能量？

◆ 你想要展现的生命主题是什么？

炼成真正独一无二的自己，选择你想要的爱

至此，你已经完成了"成为你自己的唯一"的全部旅程，我向你表示由衷的敬意。希望你为自己在内心建设方面所做的努力和一路上你所发现、疗愈并转变的一切而赞赏自己。每一位致力于打破痛苦模式、发自内心努力生活的人都激励着我。

你为疗愈心灵所做的工作，对你周围的每件事、每个人都有影响。现在比以往任何时候都更需要我们做疗愈工作，这样我们就能为子孙后代创造一个更安全、更富有同情心、更有爱的世界。

你此刻可能仍会时不时地吸引那些在精神上、情感上或其他方面与你不一致的人，但你有了从这本书中获得的工具，已经有能力为自己划清界限，并在那些重要的时刻选择尊重你自己的意愿。

当你继续回到本书中的练习时，你会发现你越来越有自在的感觉了。我们永远不知道生活为我们准备了什么，但有一点是肯定的：生活不是在等待发生，它正在发生，就在此时此刻。

生命是由你和自我共同创造的。人生道路并不完全由自己决定。在世界上的许多地方，有一种关系远比其他关系更为重要，那就是忠诚的、永远持续的一夫一妻制婚姻关系。然而，这只是体验浪漫关系的一种方式，并不是每个人都注定要按照这个模板去过活。

我们自身的能量可以用多种方式表达。人生在世，请为未知留出空间。并不是只有婚姻和家庭才能成为你有效的精神路径，不是每个

人这辈子都要体验传统的关系模式。有些人通过婚姻学习；有些人通过成为父母而成长；有些人是信仰修行者；有些人专注于友情；有些人则选择在人生的不同阶段拥抱所有独特的经历。不管你的愿望有多么强烈，如果浪漫的伴侣关系并没有出现在你的生活中，别气馁，不要对自己施加过多限制，因为所有的生活路径都是有效的，或者你需要做更多的努力。

我们所能做的就是通过自然、友谊和与周围的联系，投入各种形式的爱。如果你正处于一种伴侣关系中，请让"成为你自己的唯一"这一观念成为指引你的能量。

鸣 谢

Becoming the One

向我的丈夫本杰明致以无限的感激和爱,感谢你无尽的支持和鼓励。自始至终,你的支持从未缺席,没有你我真的无法完成这本书。谢谢你的赞赏与奉献,谢谢你在我写作过程中承担了所有额外的生活事项。我们的关系给了我很多关于爱的教益。

感谢我的编辑伊娃,我对你感激不尽,深深地向你鞠躬,感谢你为这个项目倾注的情感支持和大量的时间精力和关注。这对我们来说都是一个强有力的开端。感谢编年史团队、塞西莉·圣蒂尼、特拉·基利普、贝丝·韦伯、帕梅拉·盖斯马尔和米歇尔·特里安特,以及我在作家之家的经纪人约翰娜,感谢你们在幕后努力让这本书熠熠生辉。

感谢安迪,为"崛起的女性"带来了光明,支持了我们所有人。感谢我亲爱的朋友和"崛起的女性"首席运营官安德烈娅,以及其他忠诚的团队成员阿莉莎、塔蒂亚娜、乔治安娜和朱诺，是你们让我的事业得以顺利发展，让我有了今天的成就。切尔，你对细节的认真负责是我的救命稻草，和你一起工作非常有趣，感谢你为这个项目耗费的所有日夜。感谢我所有的读者和"成为你自己的唯一"的成员，你们慷慨地将自己的故事赠予本书，并勇敢地在自己的生活中"成为自己的唯一"，我向你们鞠躬。

缅怀我过去的社工和养父母，尤其是雅尼娜、莉萨和阿莱恩，是你们扶持着我度过了那段黑暗的日子，我将永远感激你们。

感谢我的妈妈，谢谢你给了我此生。我们共同的旅程促使我从事最能让灵魂得到满足的工作，回望过去，我不愿有任何改变。

向我的老师、顾问和导师致以深深的敬意：P.T. 明茨伯勒博格、尼娅·西兹、马克·沃林恩、哈维尔·亨德里克斯、海伦·拉凯利·亨特和黛安娜·普尔·海勒博士。我衷心感谢你们的工作以及你们分享的所有智慧。值得一提的是内西·戈梅斯和丹尼特，你们的音乐是我写作本书时萦绕在耳畔的配乐。感谢你们用歌声让我进入与灵魂的交流。

感谢我所有的朋友和家人，在我没有出现的一年中，你们不断地给我寄来鼓励的话，你们的爱我收到了。虔诚地向我的导师致敬：感谢你带我走过难关，并在我耳边低语教诲。

中 资 海 派 图 书

[美] M. J. 瑞安 著

张淼 译

定价：59.80元

扫码购书

《感恩的奇迹》

让我们的眼睛再次看到平凡生活中的奇迹

《感恩的奇迹》巧妙地让我们重新对生活感到惊奇和满足，教我们从一颗感恩的心出发，通过日常点滴体验生活的乐趣，你会发现，美好的事原来都发生在自己身上。

- 几只小猫从我的背上爬下来，我能感觉到它们的小爪子，听到它们轻轻地叫唤，看到灰色的小绒毛；
- 穿上一件旧上衣，试着真正注意到它让我喜欢的地方：精致的刺绣、丝滑的绸缎、鲜亮的颜色；
- 我好似一台机器，追求一个又一个成就，当我停下来享受旅程本身，才发现自己被幸福包围；
- 花一天时间，给每位家庭成员写一封感谢信，细数生命中所有美好的事物。

感恩会孕育积极的情感——爱、同情、快乐和希望，当我们播撒感恩的种子，孕育充满阳光的内心花园，恐惧、愤怒和苦闷就会不费吹灰之力地消散。

READING YOUR LIFE

人与知识的美好链接

20 年来，中资海派陪伴数百万读者在阅读中收获更好的事业、更多的财富、更美满的生活和更和谐的人际关系，拓展读者的视界，见证读者的成长和进步。现在，我们可以通过电子书（微信读书、掌阅、今日头条、得到、当当云阅读、Kindle 等平台），有声书（喜马拉雅等平台），视频解读和线上线下读书会等更多方式，满足不同场景的读者体验。

关注微信公众号"**海派阅读**"，随时了解更多更全的图书及活动资讯，获取更多优惠惊喜。你还可以将阅读需求和建议告诉我们，认识更多志同道合的书友。让派酱陪伴读者们一起成长。

微信搜一搜　Q 海派阅读

了解更多图书资讯，请扫描封底下方二维码，加入"中资书院"。

也可以通过以下方式与我们取得联系：

📖 采购热线：18926056206 / 18926056062　　📞 服务热线：0755-25970306

✉ 投稿请至：szmiss@126.com　　　　　　　　🌐 新浪微博：中资海派图书

更多精彩请访问中资海派官网　　www.hpbook.com.cn